究極 雞肉串燒技術

瑞昇文化

Contents

- 4 雞肉串燒技術　部位別（商品別）的基礎知識
- 6 雞肉串燒技術　基本知識解說　6 雞肉知識
  8 木炭知識　11 串刺、串籤的種類

56　鳥佳

秉承名店風格，
以獨特創意開發全新雞肉串燒

- 雞腿肉
- 雞皮
- 雞頸肉
- 雞胸軟骨
- 雞屁股
- 雞肝
- 雞心
- 雞胗
- 雞肉丸
- 提燈

〈雞肉料理〉
- 拉麵

70　木炭的生火方法

12　南青山 七鳥目

以日料技術為基礎，
獨特表現各部位美味的名店技巧

- 雞腿皮
- 雞腿排
- 雞肩肉
- 雞翅
- 韭菜雞翅
- 雞翅腿
- 雞頸肉
- 橫膈膜肉
- 雞肝
- 雞心
- 雞心根
- 雞胗
- 雞皮
- 雞食道
- 雞屁股
- 雞肉丸

〈雞肉料理〉
鹽味雞肉蕎麥麵
蒸雞肉

74　中華創作 燒鳥 鈴音

用中式醬料改良。
中式料理與雞肉串燒的結合

- 雞腿肉
- 皮包肉
- 振袖
- 雞翅
- 雞頸肉
- 雞肝
- 雞心
- 雞心根
- 雞胗
- 胃壁
- 雞屁股
- 軟骨
- 雞肉丸
- 鵪鶉皮蛋

〈雞肉料理〉
- 口水雞

34　燒鳥 うの

在店內分解，將光雞細分化。
將豐富部位商品化的技術

- 皮包肉
- 雞翅皮
- 雞翅腿
- 雞小翅
- 雞股肉
- 雞肝
- 雞心
- 雞胗
- 雞膝軟骨
- 雞肉丸

35　光雞的分切法

本書介紹的「雞肉串燒技術」

大家都說雞肉串燒是十分簡單的料理。但其實隱藏在其中的技術卻十分深奧——即便是相同部位、相同的商品，各店家的備料手法、串刺技術仍各有千秋，一切都是為了製作出「美味的雞肉串燒」。

甚至，最近除了傳統的部位之外，『特殊部位』的雞肉串燒也十分受歡迎。讓內臟肉等特殊部位變得更加美味的技術，也開始受到矚目。

那些雞肉串燒名店和爆紅餐廳，將透過本書披露各自的獨家技術、特殊部位的處理技術。同時，本書還收錄了燒烤技術、醬汁調味、鹽巴和木炭挑選的解說專欄。積極開發商品，不斷拓展雞肉串燒的可能性，並深受饕客喜愛的名店和爆紅餐廳，為您介紹引人注目的技巧與美味秘訣。

121　人形町 鳥波多゛

**用雞腿開發4種雞肉串燒。
也將稀少的內臟肉商品化**

- 雞腿肉
- 腿內肉
- 阿基里斯腱
- 雞蠔肉
- 提燈
- 雞食道
- 紅豆
- 雞膝軟骨
- 雞胸軟骨

〈雞料理〉
內臟煮

94　YAKITORI & Wine Shinori

**法國主廚製作，
與葡萄酒完美契合的雞肉串燒**

- 雞腿肉
- 雞肩胸肉
- 雞柳酸豆橄欖
- 雞頸肉
- 雞翅
- 雞肝
- 雞心
- 雞胗
- 雞膝軟骨
- 雞肉丸
- 烤乳鴿

132　燒鳥 波田野 西永福 分店

**備料盡可能不用菜刀。
用串刺追求美味**

- 大串雞腿肉（鹽燒）
- 雞肝（醬燒）
- 雞頸肉（鹽燒）
- 雞胗鰭邊肉（鹽燒）
- 雞柳蘘荷（鹽燒）
- 蔬菜合鴨（醬燒）

110　鶏一途

**公雞和母雞。
盡情享受不同美味的高超技術**

- 雞蔥串（公）
- 雞蔥串（母）
- 雞皮（公）
- 雞皮（母）
- 雞小翅（公）
- 雞小翅（母）
- 雞胸肉（雞肩胸肉）
- 雞食道
- 胃袋
- 雞腎
- 松葉

139　部位別（商品別）的目錄

※本書是由《究極雞肉串燒技術》再額外加上新餐廳，同時再重新編輯、更名之後，重新出版而成。
※本書介紹的店家與商品資訊為，2023年12月當時的資訊。
※本書介紹的商品也包含非定期提供與現在沒有提供的商品。另外，有時也可能依食材的狀態，改變備料做法、調味、燒烤方法，未必每次總是提供相同的內容。
※本書的部位名稱是參考各店家的名稱，有時亦會因地區等而有不同。
※開發商品時，請根據食材的保存方法、火侯等烹調方法，充分考量商品的衛生管理與安全性。

雞肉串燒技術

部位別（商品別）的基礎知識

本書將依各店家，介紹名店與爆紅餐廳的「雞肉串燒技術」。為了更容易參考各店引人注目的技術，這裡解說雞肉串燒的部位別基礎知識。

【雞頸肉】

「雞頸肉」是帶有適量脂肪，鮮味濃厚的部位。從頸骨上面切削下來的雞頸肉，呈現細長形狀。本書除了介紹，將雞頸肉切成細長狀，再用串籤串刺的技術（P.60等）之外，同時也會介紹雞頸肉不切，直接用串籤縫串的串刺方法（P.21等）。

【雞屁股】

油香四溢且鮮嫩多汁的「雞屁股」是，饕客們非常喜愛的部位。在備料部分介紹，把串籤插進去除尾椎的肉裡面的技術（P.30等）。

【雞翅】

「雞翅」分成雞小翅、雞中翅、雞翅腿3個部分，通常被製作成雞肉串燒的部位，大多都是雞中翅。美味的關鍵在於，肉質的軟嫩和外皮的酥脆口感。本書除了介紹，沿著雞骨剖開雞中翅的技術（P.41等）之外，同時也介紹了，將雞中翅去骨，再把肉串刺在串籤上的技術（P.17等）、雞小翅不剖開，直接燒烤的商品（P.115）。甚至，也會解說把雞翅腿去骨，再進行穿刺的技術（P.20等）。

【雞腿肉、雞胸肉、雞蔥串】

雞肉最常吃的是「雞腿肉」和「雞胸肉」。然後，雞肉串燒的經典商品則是「雞蔥串」。

首先，雞腿肉的大腿部分和小腿部分，肌肉的走向各有不同。大腿部分有小塊隆起的肉，分別以「雞蠔肉」、「雞牡蠣肉」、「牡蠣肉」的名稱被商品化。然後，在本書也有介紹，把雞腿肉分成『4個部位』，製作成4種雞肉串燒的技術（P.122）。甚至，即便同樣是雞腿肉，也可能因為公雞或母雞而有不同的肉質，本書也將介紹那樣的雞肉串燒（P.111）。

另一方面，雞胸肉的脂肪比雞腿肉少且味道清淡。本書僅介紹，把含有適量脂肪的雞胸肉商品化的「雞肩肉」、「振袖」、「雞肩胸肉」（P.16等）。另外，「雞蔥串」有僅使用雞腿肉的店、僅使用雞胸肉的店，以及兩種肉都使用的店。至於青蔥的部分，東京等地區大多使用長蔥，而有部分地區則是使用洋蔥較為常見。

【雞柳】

以『健康雞肉』的名義，在家庭間廣泛食用的「雞柳」。因為脂肪比雞胸肉少，所以必須注意避免燒烤過度，以免肉質變得乾柴。充分運用清淡口味的創意改良，大多都是搭配山葵。本書介紹的是，搭配酸豆橄欖醬，口感非常適合搭配紅酒的雞柳（P.98），以及搭配蘘荷的雞柳（P.136）。

【雞肝】

雞的雞肝。雞肝才有的獨特濃醇，大多都是搭配香醇燒烤醬享用，而切法、串刺法則依店家而有不同個性（P.50、P.64等）。本書也會介紹撒上中式料理中常用的五香粉，香氣豐富的雞肝（P.83）。

【雞胗】

雞胗就是雞的「砂囊」，正如其名，雞胗的肉質偏硬，但烤過之後，口感就會變得硬脆彈牙，十分美味，因而大受歡迎。大部分的店家都會在備料的時候，去除掉雞胗的白色薄膜「銀皮」，僅串刺肉的部分（P.27等）。本書也會介紹，僅串刺雞胗的邊緣部分，讓口感變得更加獨特的技術（P.87）。

【特殊部位】

本書也會介紹，「食道、氣管」、「橫膈膜」、「腎臟」、「腺胃」、「脾臟」、「卵巢、卵管」等「特殊部位」的雞肉串燒。食道、氣管只要確實做好事前處理，就能製作出充滿咬勁的魅力雞肉串燒（P.29等），腺胃也能成為美味雞肉串燒（P.118）。把小巧圓潤的脾臟串在串籤上，光是視覺就覺得十分珍貴（P.126）、未成熟卵和卵管串在一起的模樣，格外令人印象深刻（P.68等）。橫膈膜成為口感嫩脆的雞肉串燒（P.23）、因為許多客人都吃過牛和豬的橫膈膜，所以「雞橫膈膜」自然就很容易吸引到客人。

雞內臟肉的各個部位都有著十分獨特的味道，另一方面，內臟肉的新鮮度相當重要。為了提供美味的內臟肉，採購和保存方式是非常重要的。

【鴨肉、鴿肉】

很多雞肉串燒店都會準備「鴨肉」烤串，來增加菜色的豐富變化。另外，如果還有「鴿肉」等烤串的供應，就能展現出更強大的專業魅力。本書除了介紹鴨肉的調味、鴨肉和其他食材一起串刺的獨特商品（P.137）之外，同時也有說明屠宰乳鴿，將其商品化的技術（P.107）。

【雞皮】

就算同樣都是雞皮，不過，雞皮仍有頸皮、雞腿皮和雞胸皮等不同部位的種類，使用的部位不同，味道和口感也會不同。本書介紹，脂肪量各不相同的公雞和母雞的雞皮串（P.114）、僅使用雞小翅的雞皮製成的雞皮串（P.44）、靈感來自博多雞皮的博多雞皮串（P.59）等。

【軟骨】

胸骨部分的「雞胸軟骨」和膝蓋部分的「雞膝軟骨」。有些店家會將這兩種軟骨商品化（P.129）。因為口感硬脆而大受好評。本書也將解說，在雞膝軟骨帶有雞腿肉和皮的狀態下進行穿刺的技術（P.53）。

【雞肉丸】

「雞肉丸」可說是最能夠展現出店家個性的料理之一。除了雞絞肉之外，添加的材料便是展現店家個性的關鍵。為了增添口感，多數情況都是添加軟骨，而有些店家則會添加鴨肉、豬肉或牛肉，以增加雞肉丸的鮮味。如果是醬烤的雞肉丸，醬汁的味道也是味道的關鍵。最近也有許多店家開始販售，在雞肉丸上面鋪起司等的「創意雞肉丸」。本書介紹，採用中式料理技法，淋上酸甜黑醋的雞肉丸等（P.90）。

【雞心】

雞的雞心，也有些店家是用「心」這個名稱進行商品化。有些店家只把雞心串成一串，有些店家則是把雞心串在雞肝串的前端（P.50等）。本書也會介紹，把連接心和肝的部分商品化的「雞心根」（P.26等）。

日本國產品牌雞一覽

根據一般社團法人日本食用雞協會官網所刊載的「地雞、品牌雞指南」製作而成。

※為「地雞」　無標示則為「品牌雞」

雞肉串燒技術
基本知識解說

本專欄將說明，雞肉串燒的基本知識「雞肉」、「木炭」、「串刺」、「串籤的種類」。

山形縣
- 山形地雞※
- 山形縣產香草雞

福島縣
- 伊達雞
- 川俁鬥雞
- 會津地雞※

茨城縣
- 奧久慈鬥雞※
- 筑波茜雞

栃木縣
- 栃木鬥雞※

群馬縣
- 榛名梅育
- 絲綢雞
- 上州地雞※

埼玉縣
- 彩之國地雞埼玉鬥雞※

千葉縣
- 總州古白雞
- 地養雞
- 華味雞
- 美味雞
- 房總香草雞
- 錦爽名古屋交趾雞※
- 錦爽雞
- 水鄉赤雞

東京都
- 香雞
- 東京鬥雞
- 國產雞種播磨

山梨縣
- 甲州地雞※
- 健味雞
- 健味赤雞
- 清爽健康

北海道
- 中札內田舍雞
- 中札內產雪雞
- 新得地雞※
- 櫻姬
- 知床雞

青森縣
- 健然雞
- 惠雞
- 五穀味雞
- 櫻姬
- 青森洛克鬥雞※

岩手縣
- 純和雞
- 清爽　阿部雞
- 南部雞
- 奧州岩井雞
- 奧州香草雞
- 奧之都雞
- 地養雞
- 菜・彩・雞
- 雞王
- 陸奧清流風味雞
- 南部黃雞※

宮城縣
- 宮城縣產森林雞

秋田縣
- 比內地雞※
- 秋田比內地雞※

這裡介紹的是，日本各地生產的「主要國產品牌雞」的列表。此表是根據一般社團法人日本食用雞協會的官網資訊所製作而成。北從北海道，南至九州，各地都有各式各樣的「日本國產品牌雞」。

◆刊載內容是西元2011年8月～2011年11月調查當時的資料，之後的內容可能會有變動的情況。

◆另外，其中也有部分資料是來自相關人員所回覆的日本國產品牌雞（地雞、品牌雞），但未必能夠網羅日本所有的國產品牌雞。

◆「地雞」、「品牌雞」係根據社團法人日本食用雞協會將生產業者及銷售業者的報告內容制定而成的「國產品牌定義及標示」，以及西元1999年7月所實施的，農林水產省日本農林規格（特定JAS規格—西元2010年6月16日修訂）的地雞定義進行分類。

・博多地雞※

佐賀縣
・有田雞
・佐賀縣產幼雞　骨太有明雞
・三瀨雞
・山麓赤雞

長崎縣
・雲仙島原雞
・長崎拔天雞
（商標註冊第5323703號）
・香草雞
・香草赤雞
・五島地雞島細波※

熊本縣
・天草大王※
・肥後的美味赤雞
・庭雞
・美味香草雞
・熊本交趾雞※

大分縣
・豐後赤雞
・大分冠地雞※
・豐門雞※

宮崎縣
・霧島雞
・薩摩純然雞
・薩摩雅
・日向雞
・特別飼育
・日南雞
・大阿蘇雞
・濱木棉雞
・櫻姬
・宮崎地頭雞※
・宮崎縣產森林雞

鹿兒島縣
・薩摩香草悠然雞
・薩摩幼門雞※
・健康咲雞
・黑薩摩雞※
・薩摩地雞※
・日本農場的櫻島雞
・日本農場的櫻島雞黃金
・赤雞薩摩
・南國元氣雞

沖繩縣
・山原地雞※

兵庫縣
・但馬健康雞
・但馬味雞
・兵庫風味雞※
・指州百日雞
・丹波地雞※
・松風地雞※

奈良縣
・大和肉雞※

鳥取縣
・鹿野地雞PIYO※
・大山雞
・美味雞
・大山產大雞
・大山產香草雞

島根縣
・天領軍雞※
・銀山赤雞

岡山縣
・岡山縣產森林雞

山口縣
・長州雞
・長州赤雞
・長州黑黃雞※

德島縣
・阿波尾雞※
・地養雞
・地養赤雞
・彩雞
・神山雞
・阿波酢橘雞

香川縣
・讚岐赤雞
・地雞瀨戶赤雞※
・讚岐交趾雞※

愛媛縣
・媛地雞※
・伊予路門雞※
・奧伊予地雞※
・濱千雞

高知縣
・四萬十熟
・土佐八斤地雞※
・土佐次郎※

福岡縣
・華味雞
・華味雞紅90
・福岡縣產博多一番雞

長野縣
・信州黃金門雞※
・南信州地雞
・信州香草雞

新潟縣
・越後香草雞
・越之雞
・新潟地雞※

石川縣
・能登地雞※
・能登雞
・健康雞

岐阜縣
・奧美濃古地雞※

靜岡縣
・美味雞
・地養雞
・富士之國活力雞
・富士朝雞
・富士雞
・一黑門雞※
・雞一番
・駿河門雞※
・御殿地雞※

愛知縣
・名古屋交趾雞※
・錦爽名古屋交趾雞※
・錦爽雞
・三河赤雞
・奧三河雞

三重縣
・奧伊勢七保雞
・錦爽雞
・伊勢赤雞
・伊勢赤雞
・熊野地雞※
・伊勢二見浦夫婦地雞※

滋賀縣
・近江門雞※
・近江黑雞
・近江雞
・近江普雷諾爾

京都府
・京地雞※
・地雞　丹波黑雞※
・京赤地雞※
・美味丹波雞
・奧丹波雞
・丹波美味雞

炭

木炭的基本知識與最新情報。還有基於成本，有效使用木炭的方法

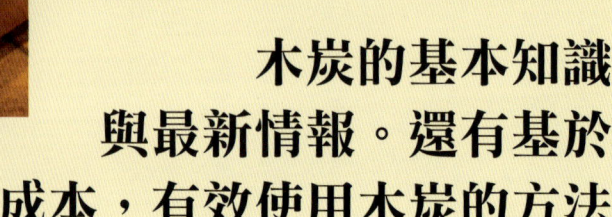

看似簡單的「木炭」，其實有很多種類。就大分類來說，木炭可以分成天然炭和人工炭，而兩種木炭各自還有更多不同的種類。木炭不同，火候強度和持久度等特性也就大不相同，價格方面也有差異。如果要挑選符合各店家的木炭，就必須具備木炭的基本知識。因此，本章節將針對木炭的種類和特徵，說明木炭的基本知識。

火候強且持久的白炭

首先，日本的天然炭有白炭和黑炭兩種。

白炭是，在最終階段以1000~1200度的高溫燒製，並在完成的階段從燒窯內取出，覆蓋上消火粉，讓木炭急速冷卻而成。木炭表面泛白，質地堅硬，敲打時會發出金屬音。備長炭就是最具代表性的白炭。

許多雞肉串燒店都是使用備長炭，其特徵大致有下列幾點。

首先，備長炭的火候強且持久。遠紅外線效果較高，能夠誘出食材風味，把食材烤得更加美味。因此，許多雞肉串燒店都會引進備長炭。可是，備長炭需要花費更長時間才能點燃，同時價格也比人工炭高。

然後，黑炭是用400~700度的低溫燒製，然後在燒窯內慢慢冷卻而成。和白炭相比，黑炭的質地比較軟，敲擊時的聲音比較沉悶。

另一方面，一般作為業務用的人工炭是大鋸炭。大鋸炭是以製材過程所產生的鋸屑作為原料，將鋸屑壓縮成棒狀，再進行炭化而成。相較於天然炭，大鋸炭更能以較低成本購入。雖說大鋸炭的品質會因製造商不同而有千差萬別，不過，總體來說，它的成本效益是最好的。

除了國產，還有進口的備長炭

接下來就針對雞肉串燒店主要使用的備長炭和大鋸炭，進行更詳細的介紹吧！

就如前面所介紹，備長炭屬於白炭的一種，是天然炭當中等級最高的木炭。和歌山紀州、高知、宮崎以日本三大產地而聞名。甚至，東南亞各國也有生產，並進口到日本。

另外，以前中國產的備長炭在

8

大鋸炭
用高溫高壓將大鋸炭末壓縮成型後碳化而成的大鋸炭，其火力穩定。原材料包括赤松、杉木等。

黑炭
質地較軟，可用引火劑或噴槍點燃。燃燒溫度高、火勢強，但燃燒時間比白炭短。原材料包括橡木、枹木、櫟木等。

白炭
質地較軟，不易點燃，但著火後質地均勻，可長時間維持穩定火力。原材料包括烏檀木、櫟木等。

日本國內十分普遍，但之後因為中國禁止出口，所以近年來進口的中國備長炭幾乎為零。現在，日本進口的備長炭已經逐漸被寮國產取而代之。可是，和中國產相比，寮國產的質地比較軟。因為生產量也比中國少的關係，備長炭的進口數量正全面銳減當中。

例如，專門批發業務用天然備長炭和大鋸炭的「廣備」，除了國產的「紀州備長炭」、「土佐備長炭」之外，還有販售寮國產的「寮國白炭」，擁有日本國內最齊全的商品種類。

寮國產的備長炭是用成長較為快速且柔軟的樹木所製成，火侯偏弱且持久度不佳。可是，卻有點燃時不易炭爆的優點。

國內外的備長炭減少，而展露頭角的大鋸炭

日本國內外備長炭的生產量和進口量呈現下降的趨勢，預計未來也將持續下降。大鋸炭便在這樣的趨勢下越來越受關注。

大鋸炭也有各式各樣的種類，剖面的形狀通常呈現中央空心的四角形、六角形和八角形。除了國產之外，還有馬來西亞產等國外生產

的種類。在廣備方面，較具代表性的木炭有日本國產的「日向大鋸炭」、「錦備長炭」、馬來西亞產的「若葉備長炭」、「黃金大鋸炭」、「若葉切炭」等產品。

另外，廣備更是獨家開發了，烤爐較小的雞肉串燒店也能方便使用的「廣小丸」。廣小丸是球形直徑3公分的硬質大鋸炭，以高溫白炭燒製而成，讓雞肉串燒店的烤爐更容易使用。特徵是不輸給天然炭的強力火侯和持久度，價格比天然炭更便宜。可望成為取代天然炭的新時代木炭。

了解燃燒機制，從而嚴選最佳木炭

為什麼雞肉串燒店愛用備長炭呢？接下來就來重新說明那個原因吧！

燒烤食材時，需要燃燒木炭或瓦斯，燃燒會引起碳和氧的化學反應，於是就利用化學反應所產生的熱和紅外線來加熱食材。當紅外線接觸到食材表面時，接觸部分的分子就會振動，並透過摩擦產生熱度。瓦斯等加熱方式是利用高溫的火焰，從外側強制加熱；木炭則是利用紅外線讓食材自行發熱。希望

用什麼樣的方式，燒烤什麼樣的食材？在挑選加熱食材的方法時，最應該重視的是燃燒溫度和紅外線輻射量的平衡。

碳的燃燒狀態，會影響到燃燒溫度和紅外線的強度，燃燒溫度和紅外線的量呈現反比。

例如，以瓦斯等情況來說，瓦斯是以氣體狀態燃燒，氣體與氧氣接觸的面積很廣，反應速度比較快，能夠用1700~1800度的高溫進行燃燒。另一方面，木炭等是以固體狀態進行燃燒，所以只有表面會接觸到氧氣。因此，和瓦斯等氣體相比，接觸到氧氣的面積較少，反應速度就會遲緩，會以600~800度的低溫進行燃燒。然後，固體的木炭會產生較多的紅外線。尤其備長炭在製造過程中，碳會變得更緊密，因此，紅外線的放射量就會非常多。

另外，紅外線具有將食材表面烤硬，使內側更容易加熱的效果，因此，適合用來加熱魚或雞肉等水分含量較多的食材。雞肉串燒店之所以喜歡備長炭的原因，是有科學依據的。

利用天然炭和人工炭的混用來降低成本

綜合評估該店的營業型態、營業方針和成本，然後再來決定要使用哪種炭，是非常重要的事情。

在木炭當中，最好的木炭是備長炭，希望使用備長炭的人也很多，但是，備長炭並非是萬能的木炭。如果從自家店最理想的燒烤效果來看，有時柔軟的木炭或大鋸炭反而會更加適合。根據最終結果下去評估挑選木炭，也是非常重要的環節。

另外，由於生產者高齡化等因素，若照目前的情況來看，預估在10年之後，日本國產的備長炭產量很可能只剩下十分之一左右。到那個時候，備長炭的取得將會變得更加困難，價格也會高漲，因此，只使用備長炭的做法恐怕有點不切實際。

因此，廣備建議的方式是合併使用備長炭和其他木炭的混合手法。就備長炭的特性來說，尤其對雞肉串燒店而言，備長炭的最大優點是，不容易著火、不容易讓食材烤焦。為了善用這個特性，可以在最上層使用備長炭，第二層以下可以使用大鋸炭，藉此來維持火候。和單獨使用備長炭的情況相比，比較容易產生火焰脂滴落的情況下，但是，卻能夠大幅降低總成本。

另外，備長炭是木炭當中，燃燒溫度最低的木炭。因此，烤台的蓄熱性等問題，也會嚴重影響木炭燃燒的效率。

如果想製作出完美的雞肉串燒，就應該向專家請纓，了解木炭和烤台的契合度、產地趨勢與缺貨時的備案等資訊，才是最有效的辦法。

■採訪協助／備長炭專賣店 廣備
（ひろびん）
https://www.charcoal.co.jp/
☎0120-17-4383

【串刺】

垂直於纖維，串上大塊雞肉

串刺的基礎之一是，讓串籤垂直貫穿肉的纖維。如果串籤和纖維呈現平行，燒烤的時候，雞肉可能在收縮之後，直接從串籤上脫落。串刺的方法可能因為雞肉的部位、備料時的切法而有所不同，不過，基本上只要垂直於纖維，從肉的中央串刺，就能增加穩定感。

然後，串刺的另一個基本是，在串籤下方串小塊雞肉，串籤上方串大塊雞肉。大塊的雞肉在串籤上方，除了可以讓視覺效果更好之外，同時也是基於炭火燒烤的考量。炭火的烤台通常都是外側的溫度比內側高。因此，把大塊的肉串在位於烤台外側的串籤上方，就可以讓雞肉串燒整體的燒烤火侯更加均勻。

【串籤的種類】

評估握感和外觀。「適材適所」也很重要

雞肉串燒使用的串籤有好幾種種類。每種串籤的握感和外觀都不同，所以也要根據自家店的客層等問題去挑選串籤的種類。

串籤通常都是用竹子製成，最具代表性的是圓串籤。被廣泛用來串肉類乃至蔬菜的「普通串籤」就是這一種。另一方面，希望稍微為握感和外觀加點分的時候，則可以選擇鐵炮串籤。甚至，白果或鵪鶉蛋則可以使用超細串籤。另外，針對雞肝等比較容易轉動的食材，可以採用方串籤，而需要讓材料黏著在串籤上的雞肉丸等食材，則是平串籤比較適合。換言之，根據「適材適所」挑選串籤，也是非常重要的事情。

11

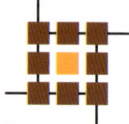

南青山 七鳥目

以日料技術為基礎，
獨特表現各部位美味的名店技巧

『南青山 七鳥目』以在割烹料理店學到的日本料理技術為基礎，提供由雞肉串燒和當季蔬菜組合而成的套餐。2016年9月開業後，瞬間成為一位難求的爆紅名店，人氣持續上漲。

雞肉串燒主要使用肉質不會太硬，口感適中的「京赤地雞」。透過細心的處理，以及凸顯各部位特性的燒烤方式，誘出食材的美味。

現在採主廚套餐的形式，從小菜開始出餐，接著是時令浸菜、串烤（雞肉串燒）、烤蔬菜、單品料理。套餐中的雞肉串燒有6支，其中5支是「雞頸肉」、「雞肉丸」、「雞腿肉」、「雞肩肉」等，許多人喜愛的部位。第6支以「自選串」的形式提供，客人能夠依照個人喜好，選擇「雞肝」、「雞心」等個人偏愛的部位。雞肉串燒也能夠以單點的形式加點。另外，還可以搭配自製的雞肉法式熟肉醬、雞湯拉麵等組合，讓菜單變得更加豐富且充滿魅力。

ShopData

地 址	京都港区南青山7-13-13　フォレストビルB1F
負責人	川名直樹
規 模	11坪・11席
公休日	星期六、星期日
營業時間	17時～22時
客單價	1萬5000日圓

套 餐	9800日圓
雞 肉	京赤地雞

雞腿皮

預先把雞腿肉分成雞腿皮、雞腿排（膝蓋以上）、棒腿（膝蓋以下），然後再進行處理。肉的部分，將多餘的脂肪等切除，僅使用帶有厚度的美味部分。包上雞皮燒烤，製作出外酥內多汁的最佳狀態。

重新組合雞腿肉，毫不保留地傳遞美味

從雞腿肉上面剝下雞皮，再將雞腿肉分切成雞腿排（雞腿部分的肉）和棒腿。

南青山 七鳥目

雞腿皮

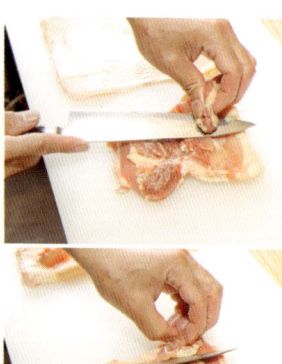

❶把雞腿排上面的「腿內肉」和「雞蠔肉」切下來,並切除多餘的筋。

❷首先,把雞腿排縱切成4段,再切成一口大小。

❸由於雞皮收縮的程度比較多,所以雞皮的寬度必須比先前切好的雞腿肉略寬一些。脂肪太多的部分,要把脂肪切除,並將邊緣較薄的部分切掉。

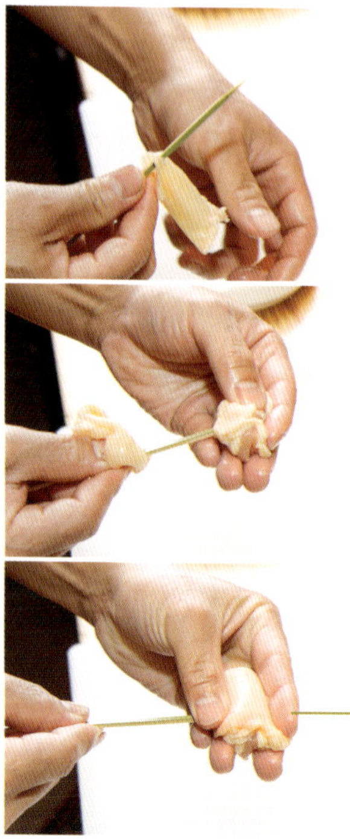

依照雞皮、雞肉、雞皮的順序串刺

❹串籤從雞皮的邊緣、雞皮的外側往內側串刺。串上雞腿肉,再用前面插上的雞皮,把雞腿肉包起來。雞腿肉先從小塊的肉開始串。

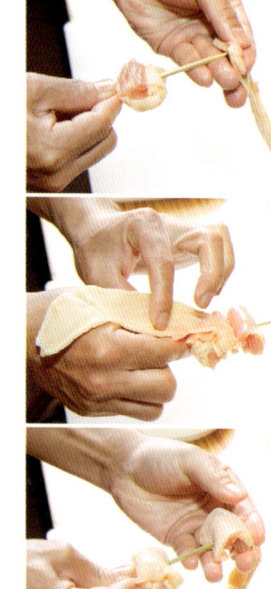

❺第2個也採用相同的方法,先串刺雞皮的邊緣,再串上雞腿肉,接著用雞皮把肉包起來,最後再用串籤固定雞皮。

❻剪掉多餘的雞皮,將邊緣切齊。

❼在兩面撒上鹽巴。因為脂肪比較多,所以要確實撒勻,以免味道被油脂蓋過。

❽用中火,從雞皮面開始烤。雞皮面徹底烤酥,雞肉面慢火燒烤。雞皮面變色後,翻面烤雞肉面。

❾烤的時候要經常翻轉。中途要把串籤上下倒置,確保均勻受熱。

❿當油脂如照片般冒出雞皮表面的時候,就代表烤好了。用手檢查肉的彈性,確認是否熟透。出餐時,僅在雞皮面撒上鹽巴。

14

南青山 七鳥目

雞腿排

豪烤一整片雞腿肉（約350g）。肉汁不會從剖面滴落，烤出不同於一般雞肉串燒的鮮嫩多汁。切成一口大小，1片大約是2人份左右。隨附上柚子胡椒。

整片燒烤，鎖住鮮美肉汁

❹切削掉較厚的部分。

❻在兩面撒上鹽巴。尤其是雞皮面更要特別撒勻。放在鐵網上，用大火從雞皮面開始烤。一邊翻轉，確實燒烤。雞皮面要確實烤酥，雞肉面則恰好熟透即可。

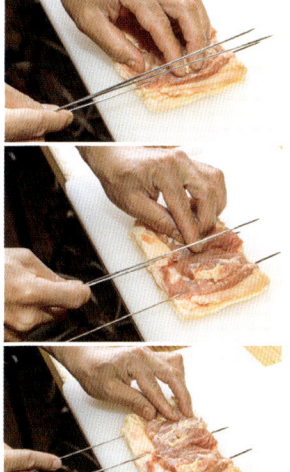

❺插進3支鐵串籤。在等距位置插入串籤，讓串籤呈扇形。

❼根據熟度，稍微傾斜鐵網，只讓前端部分貼近炭火。

❽在雞皮面撒上鹽巴，拔出串籤，切成略大的一口大小。隨附上柚子胡椒。上桌。

讓厚度一致

❶切掉「雞蠔肉」和「腿內肉」，讓厚度一致。「雞蠔肉」和「腿內肉」留下來製作雞肉丸。

❷把雞腿肉分切成雞腿排（雞腿部分的肉）和棒腿（雞小腿）。這裡使用的是「雞腿排」（雞腿部分的肉）。

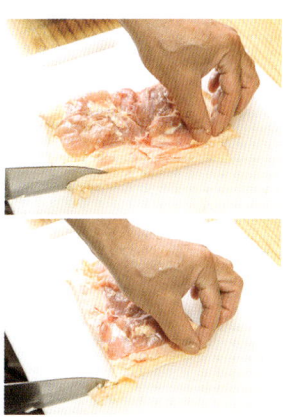

❸切掉皮脂太多的部分、偏薄的部分。不過，脂肪也是美味來源，所以要避免切除過多。

雞肩肉

雞肩肉

「雞肩肉」具有獨特的口感和鮮味，可說是最好吃的部位。

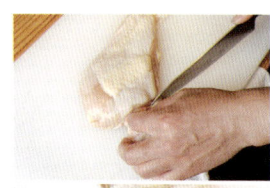

❶從雞胸肉上面，把「雞肩肉」切下。在帶皮狀態下，切成適當大小。將大小組合成一串，每串2塊。

❷招住肉，讓肉形成皺褶，以縫串的方式串刺。

❸希望善用香甜油脂的部分烤出多汁的絕佳口感，所以熟度要控制在幾乎快全熟的程度。用大火烤雞皮面。雞皮面變色後，再沾上醬汁。

❹從雞皮面開始烤，稍微有點焦黃後，翻面烤雞肉面。

— 注意不要烤過熟

❺大約烤至9分熟，表面變乾之後，沾上醬汁，滋潤一下。一邊翻轉燒烤，烤至雞肉面稍微染色的程度。沾上醬汁，撒上些許鹽巴，上桌。

「雞肩肉」是雞胸肉的一部分，帶有恰到好處的油脂和鮮味，擁有不同於雞胸肉的獨特口感。1片雞胸肉只能取得1塊的稀少部位。因為和雞胸肉一樣，容易變得乾柴，所以要稍微控制一下肉的熟度，用慢火燒烤。每串約40g左右。

雞胸肉的纖細與獨特口感，油脂和鮮味兼具的稀少部位

南青山 七鳥目

雞翅

去除2支雞中翅的骨頭，讓客人吃起來更方便。位於邊緣的軟骨部分，以及因為串籤重疊，導致無法烤完全的雞皮邊緣部分，都要仔細切除。包含串籤和串籤之間的部分，整個雞皮都要烤至酥脆程度。一串約75g。

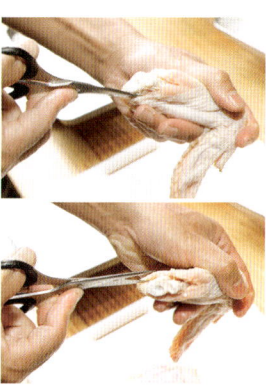

❶用剪刀剪開骨頭的周圍，把連接骨頭和肉的筋剪斷。

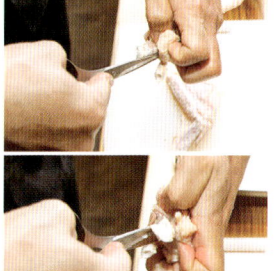

❷盡可能避免雞肉殘留在骨頭上面，一邊將骨頭和雞肉剪開，剪至雞小翅和雞中翅之間的關節處。

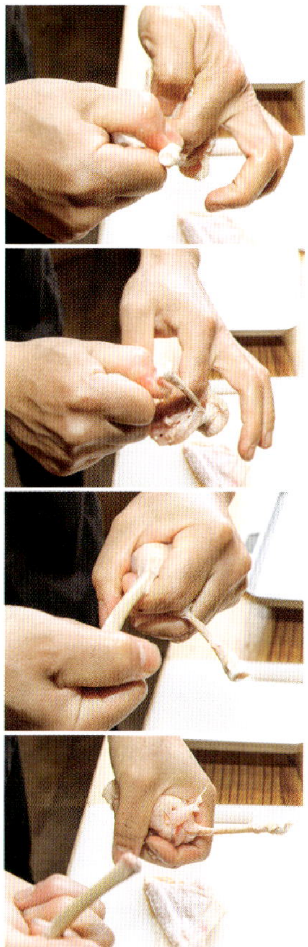

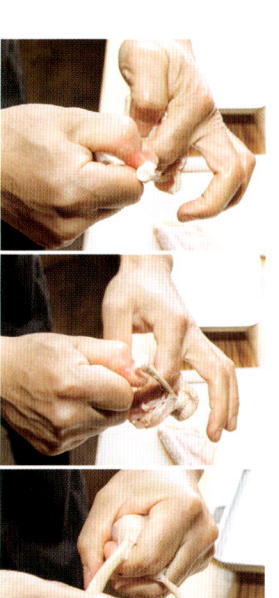

❸用單手抓住較粗的骨頭，用另一隻手拉扯雞肉，把較粗的骨頭拆下。

細的骨頭和軟骨也要去除

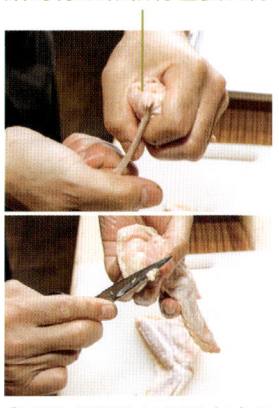

❹細的骨頭也以相同方式分解，把前端部分的軟骨切掉。

❺去骨後的狀態。左邊是雞中翅，右邊是雞小翅。

❻把雞中翅和雞小翅切開，將雞中翅骨頭前端的軟骨部分切掉。將雞中翅邊緣部分的雞皮切掉。因為這個部分在烤的時候，沒辦法完全烤到，會影響到整體的口感。

❼這是成形狀態的雞中翅。

17

徹底去除雞中翅的骨頭，
讓雞中翅變得更容易食用

⓯最後在雞皮撒上些許鹽巴。

⓭在兩面均勻撒上鹽巴，用大火從雞皮面開始烤。

⓮經常性地翻轉，讓雞皮呈現酥脆，雞肉豐滿濕潤。以雞皮為重點，確實燒烤。

❿插入第1支串籤的狀態。

⓫插入第2支串籤。

⓬盡可能讓雞肉的厚度平均。為了讓受熱更均勻，要讓厚度一致。

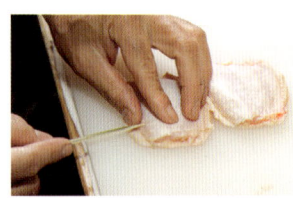

❽讓雞皮朝向表面，小塊的串在下方，大塊的串在上方，插進2支串籤，讓串籤呈現些許扇形。

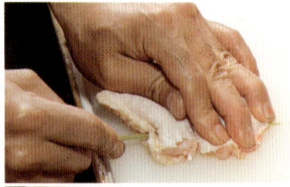

❾用手按壓，讓雞肉呈現扁平，受熱更均勻。

18

韭菜雞翅

南青山 七鳥目

雞中翅去骨，把韭菜塞進掏空的部分，製作成雞肉串燒。油香甜膩的雞中翅，再加上韭菜的風味和口感，激發出全新的美味。用醬汁調味，上桌時再隨附上「日本冠軍嚴選雞蛋」的蛋黃。

❶把韭菜切成3cm寬。

❷雞中翅去除骨頭之後，把韭菜塞進掏空的部分。注意避免塞得太滿。

插入時要避免韭菜露出

❸一邊注意避免韭菜露出，依照大小順序，插進2支串籤。

❹緊緊捏住表面，讓雞肉緊靠。

❺方法和「雞翅」相同，同樣從雞皮面開始烤。醬烤容易焦黑，所以要用中火，勤勞地翻轉燒烤，大約8分熟之後，沾上醬汁。

❻進一步燒烤，最後再次沾上醬汁，上桌。

去除骨頭，再塞入韭菜，增添口感和風味

雞翅腿

仔細去骨，留意脂肪分布，細心串刺

先去骨再串刺，吃起來更輕鬆的雞翅腿。串刺的時候要稍微留心，注意表裡不同的脂肪分布。烤出雞皮香酥，雞肉豐潤的軟嫩口感。

❼按壓雞肉，讓厚度一致。

❽從較高的位置撒鹽在兩面，用中火從雞皮面確實燒烤。雞皮面變色後，翻轉燒烤雞肉面。把串籤上下對調，讓整體均勻加熱。

❾雞肉面確實熟透，讓油脂滲出雞皮面。用手觸碰，確認雞肉熟度。只在雞皮面撒上鹽巴和黑胡椒，上桌。

❺去骨後的雞肉，在大約一半的位置切開，將表面和背面分開。表面的脂肪較多，背面則只有薄皮。

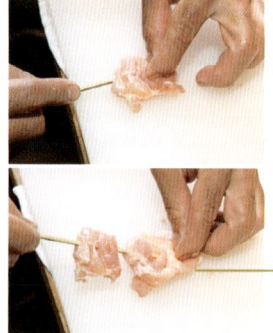

❻背面的雞肉串在下方，表面的雞肉串在上方。採用縫串的方式串刺。

根據脂肪分布進行串刺

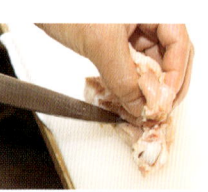

❸另一邊也要用菜刀沿著骨頭切開，繞行一周，把骨頭去除。

❹去骨的狀態。

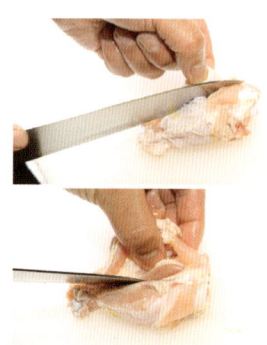

❶抓住雞翅腿呈現三角形的雞皮部分，菜刀從根部開始朝雞骨方向切入，慢慢切開雞肉。

❷切開雞肉後，菜刀沿著骨頭切入，切開銜接根部的筋。

20

南青山 七鳥目

雞頸肉

雞頸肉刻意採用U字形的串刺方式，讓客人能夠一口吃下整塊雞頸肉。雞頸肉挑選粗細適中，脂肪豐富的種類。慢火燒烤，避免烤焦，烤出多汁香甜的口感。上桌前抹上日本黃芥末。一串約20g。

U字形串刺。
一口品嚐整塊雞頸肉

雞頸肉有脂肪豐富（照片後側）和脂肪適量（照片前側）的種類。盡可能選擇脂肪豐富的種類。

雞頸肉

❶ 頸部狹窄部分有較多的軟骨。雖然是能夠食用的硬度，但因為脂肪較少，不算是好吃的部位，所以要把骨頭上方的部分整個切掉。切掉的部分可以作為雞肉丸使用。

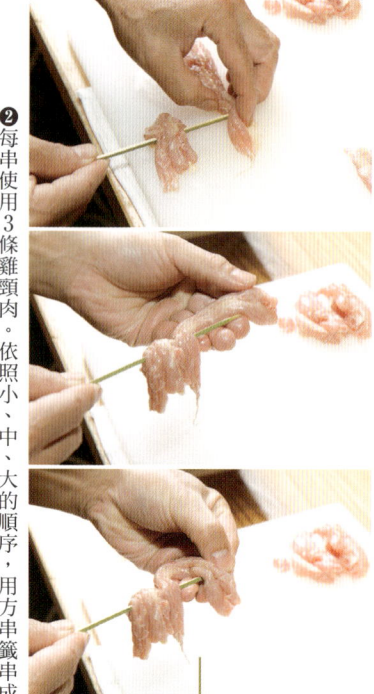

❷ 每串使用3條雞頸肉。依照小、中、大的順序，用方串籤串成U字形。帶有脂肪的部分朝下，雞肉部分朝上，用單手把雞肉推擠出厚度，把串籤插進雞肉側面的正中央部分。

串刺時要考慮脂肪部分

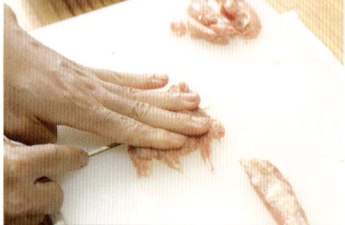

❸ 用手緊壓雞肉，讓厚度一致。

❹ 切掉邊緣，讓寬度一致。

❺ 從較高的位置，把鹽巴撒於兩面，放在略小的中火位置。為避免烤焦，並烤出柔嫩口感，烤雞頸肉的時候要頻繁翻轉，慢火燒烤。

❻ 把串籤轉向放置，調整火侯。

❼ 表面如照片般，呈現焦黃之後，觸摸一下，確認熟度。只要有回彈的感覺，就代表烤好了。

❽ 最後，撒上鹽巴，抹上日本黃芥末。

橫膈膜肉

呈現單片膜狀的腹肌部分。質樸卻肉味濃郁的稀少部位。因為容易變得乾柴，所以要緊密串刺，藉此製作出厚度，一邊沾醬汁，一邊慢火燒烤。

慢火燒烤　質樸卻味道濃郁的橫膈膜肉

❶ 切掉邊緣，切成一口大小。分切時要注意大致的大、中、小差異。

❷ 從小尺寸開始串刺，以抓皺的方式串刺。

讓雞肉和雞肉之間緊密貼合

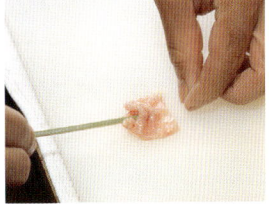

❸ 讓雞肉緊密湊在一起，製造出厚度。

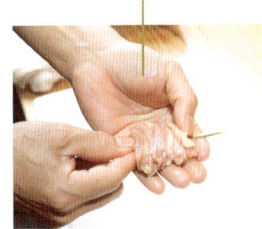

❹ 中途反覆用手把雞肉壓平，一邊進行串刺。

❺ 用略小的大火烤至變色後，沾上醬汁。如果直接烤到最後，肉質就會變得乾柴，所以要利用醬汁，讓肉質保持濕潤。

❻ 一邊翻轉燒烤兩面，避免烤焦。表面乾掉之後，再次沾上醬汁。

❼ 醬汁乾掉之後，用手觸摸，確認熟度。烤熟後，沾上醬汁，撒上些許鹽巴，上桌。

雞肝

應顧客的需求而引進富含脂肪的白肝（脂肪肝）。仔細處理血管等組織。用小火慢烤，確實烤熟內部，同時避免烤焦。慢火烤出軟嫩口感。

透過細心的事前處理和巧妙的火侯，烤出滑軟柔嫩的口感

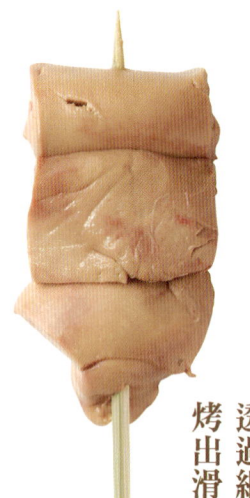

❶把雞心根和雞肝切開。

❷從左右葉的分界處，把雞肝切開。

❸把小塊雞肝的厚度削掉，讓厚度均等，再切成2塊。

❹大塊雞肝的多餘部分也要削掉，讓厚度均等。

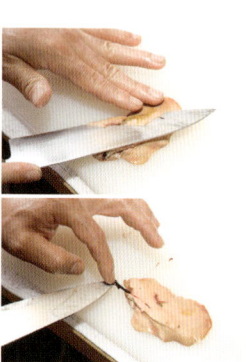

❺雞肝裡面有血管，要用菜刀把整個周圍的血管都剔除。其他部分也有血管，全部都要去除乾淨。

❻大塊雞肝也要切成對半。

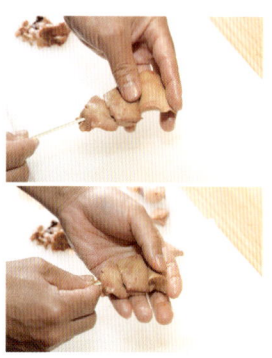

❼以每串40g為標準，每串約串3～4個。從小的雞肝切塊開始串刺，像是做出曲線那樣，稍微串刺成山形。

❽把邊緣部分切齊。

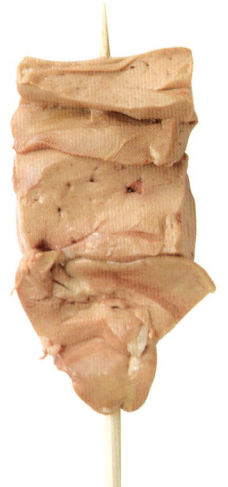

❾把火侯調小，慢火燒烤。兩面都變色後，沾上醬汁。

❿一邊翻轉燒烤。中途轉移到火較小的位置。待表面變乾後，沾上醬汁。就這樣重複操作2～3次，慢慢烤熟。

約重複5次，直到入味

⓫為避免烤焦，要用慢火烤至中央熟透（採訪時重複了5次），完成後，沾上醬汁，上桌。

雞心

雞心根保留些微部分，不完全切除，藉此增加油香口感和份量。雖然用水清洗之後，還做過相當仔細的處理，但畢竟是腥味較敏感的部位，所以建議搭配薑泥一起食用。

慢火烤至熟度
恰到好處的軟嫩口感

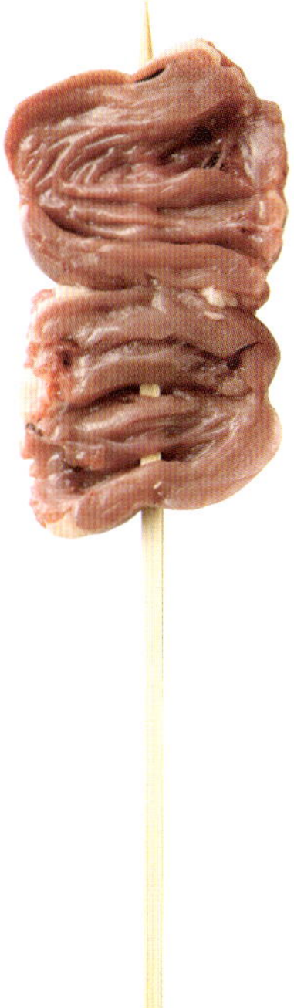

勤勞地翻轉，讓受熱均勻

❻ 放在中火的位置，從外側開始燒烤。一邊勤勞翻轉，一邊燒烤。如果只烤單面，沒有外皮的部分會變硬。上下左右、四方八方地翻轉燒烤。

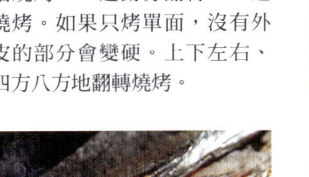

❼ 大約8分熟後，沾上醬汁。再次進行燒烤。最後再沾上醬汁，放上薑泥。

❸ 清洗雞心，盡可能把雞心內的血清洗乾淨。用毛巾等確實擦乾水分。

❹ 每串使用2～3塊。準備小、中、大3種尺寸。

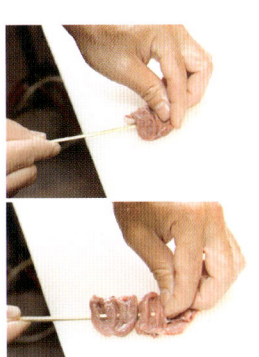

❺ 剖面朝上，從水平方向串刺。讓彼此緊湊貼合，避免有縫隙產生。

❶ 讓少許的白色脂肪殘留在雞心上面。

❷ 縱切剖開雞心。

南青山 七鳥目

雞心根

把連接雞心的動脈部分收集起來的稀少部位。恰到好處的雞肉口感，加上香甜油香，味道十分獨特。因為燒烤後會嚴重收縮，所以採用垂直重疊的串刺方式，一串45g（燒烤前），十足的份量也充滿魅力。

連接雞心和雞肝的部分，絕佳的口感和油脂的鮮味

❺ 利用火力較強的位置，一邊勤勞地翻轉燒烤。

❻ 呈現照片般的狀態代表烤好了。沾上醬汁，上桌。

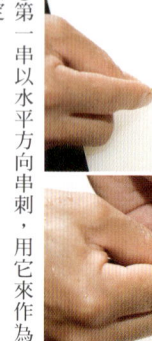

❸ 第一串以水平方向串刺，用它來作為固定。

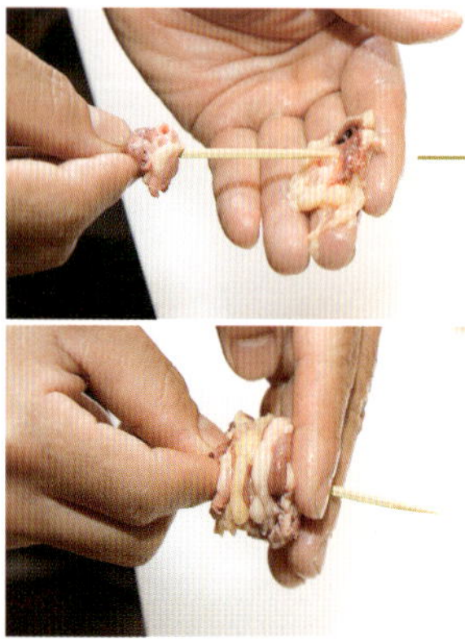

❹ 連接雞心的那一端（切開的那端）朝下，陸續串刺。這樣就能製作出比較漂亮的外觀。

剖面朝下對齊，讓外觀更好看

❶ 把雞心根放進鋼盆，確實用水清洗乾淨。把血沖洗掉，同時去除血塊等雜質。用毛巾等確實擦乾水分。

❷ 血管的管子部分，把超出範圍的部分都切掉。如果全部都切掉，份量會少很多，所以只切除比較在意的部分就可以。

南青山 七鳥目

雞胗

為保留雞胗粗曠且獨特的硬脆口感，特別在燒烤方式下了一番功夫。在幾乎不動的情況下，烤至8分熟，沾上醬汁後，為避免烤焦，一邊頻繁地翻轉燒烤。一串約30g。

烤出獨特口感

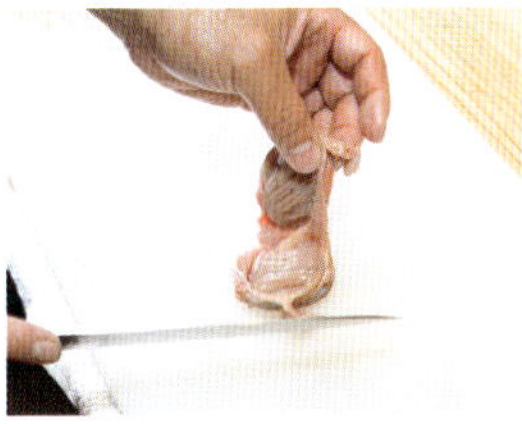

緊密的形狀，避免產生縫隙

❼從小塊開始，以方向相互交錯的方式串刺。彼此之間避免有縫隙。

❽不撒鹽巴，直接把雞胗放在大火的位置。表面變色後，翻面烤另一面。不要太頻繁地翻面，一邊用慢火燒烤，避免烤焦。

❾大約8分熟之後，沾上醬汁。沾醬後容易焦黑，所以要勤勞地翻面。

❿再次沾醬汁，放回烤台上，撒上鹽巴、胡椒。利用醬汁和鹽巴誘導出鮮味。

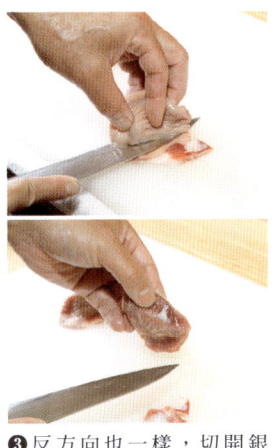

❸反方向也一樣，切開銀皮。

❹削掉殘留在肉上的銀皮。

❺切掉肉較薄的部分。

❻縱切成對半。按大、中、小尺寸大致排列。

❶把兩側的外緣切齊。

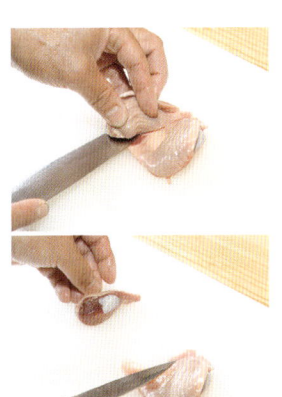

❷菜刀從中央部分切入，切削，保留銀皮。

把採訪時的頸部的皮、雞翅的皮製作成「雞皮」串。水煮後，仔細做好預先處理，切成形狀適當的長方形，串刺後，將表面烤至酥脆程度。一串35g。

雞皮

因為雞腿肉的皮和雞胸肉的皮要作為他用，所以僅使用頸部的皮和雞翅的皮。

仔細水煮後，進行預先處理，再烤至酥脆程度

❺讓皮的皺褶緊密貼合，一邊調整厚度。用剪刀把內側多餘的皮剪掉。預防烤的時候變得容易烤焦。

❻從表面開始用小火慢慢燒烤。因為事前已經煮熟，所以主要是要把表皮烤酥。

❼一邊勤勞地翻轉，一邊把表面烤至酥脆。花點時間，讓油脂滴落，收乾水分，烤出酥脆口感。完成前，用手確認硬度。沾上醬汁，上桌。

切成長方形，防止浪費

❸把雞皮切成長方形。為了盡可能多取一些雞皮，切的時候要一邊考慮雞皮的形狀。預先將尺寸分成大、中、小。

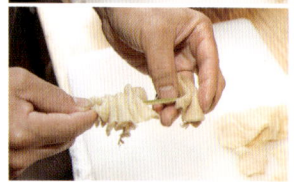

❹從小尺寸開始串刺。從雞皮面開始串刺，折成2折串刺。以這個時候的高度為基準，依照雞皮的大小折成4折，讓高度維持均等。

❶雞皮確實用水烹煮。

❷用水清洗，再用毛巾等確實擦乾水分。

雞食道

把喉嚨內與食道相連的胸腺部分製成烤串。享受獨特的口感和油脂的美味。脂肪融化後，份量會縮小，所以刻意串上較多份量，一串約55g。

喉嚨的食道部分。該店採購的是薄膜（淋巴腺）黏在外側的狀態，連接的胸腺部分也要一起合併使用。

酥脆口感。
享受胸腺恰到好處的
油香滋味

❶首先，先在裝水的囊袋上面，比較狹窄的位置，切下一口大小。切的時候要注意不要弄破囊袋，以免裡面的東西流出。

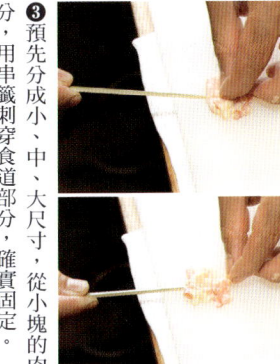

❷把剩餘切成一口大小。切掉囊袋部分。

❸預先分成小、中、大尺寸，從小塊的肉開始串刺。避開脂肪部分，用串籤刺穿食道部分，確實固定。

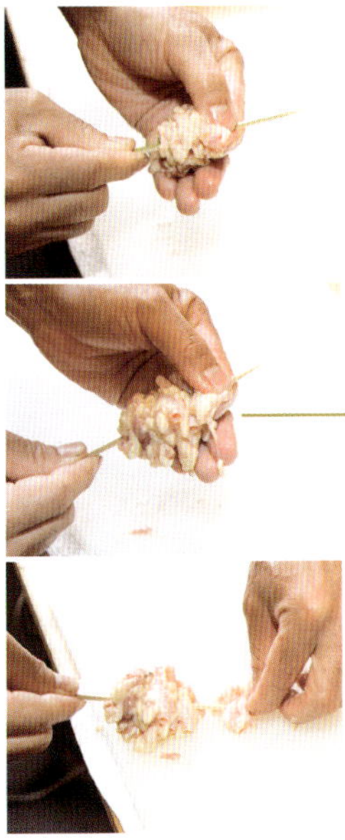

❹插入之後，將食道推擠在一起，製作出厚度。之後再慢慢串刺，繼續推擠。將邊緣部分切齊。

— 推擠在一起，製作出厚度

❺在火力較強的位置一邊翻轉燒烤。一邊把串籤轉向，讓整體均勻受熱。

❻幾乎熟透的狀態。

❼用手檢查彈性，沾上醬汁。稍微炙燒，再次沾上醬汁，上桌。

雞屁股

雞屁股去除尾椎，在保留整片雞皮的情況下，剖開使用。因為是脂肪豐富的部位，所以要確實烤至酥脆程度。最後的鹽巴也要稍微多一些，同時也要撒上黑胡椒。使用尺寸較大的雞屁股（35g），一串約30g多。

表面烤至酥脆，裡面則是彈牙口感

❶避開位於中央的尾椎，菜刀從兩側斜切，把尾椎切掉。盡量沿著骨頭邊緣切，盡可能保留更多可食用的部分。

❷像是留下一片雞皮的感覺，在切掉的部位縱切出較深的切痕，將雞屁股剖開。

❸裡面會殘留許多羽毛根，要進一步用拔毛器拔除。

❹由小到大，加以區分尺寸。

串刺的時候要盡可能壓平

❺以左右交錯的方式，從小尺寸開始串刺。盡可能讓中央部分呈現均勻厚度。

❻用手緊壓，將形狀調整成扁平狀，切掉邊緣。

❼在兩面撒上較多的鹽巴，用大火燒烤。改變串籤的位置，一邊翻轉燒烤。

❽表面呈現如照片的酥脆程度後，撒上較多的鹽巴、黑胡椒。

雞肉丸

以雞腿肉的邊角料為主體，加入雞頸肉或鴨肉，藉此增添鮮味的雞肉丸。除了部位的差異之外，還改變了揉捏方式，在口感差異上花點小巧思。採用少許的太白粉作為黏著劑，製作出肉質鮮美的雞肉丸。一串60g。

口感Q彈、肉質鮮美的雞肉丸

材料

雞腿肉（雞小腿肉、雞蠔肉、腿內肉等）	500g
雞頸肉	300g
鴨腿肉	200g
洋蔥末	1顆
雞肉串燒醬汁	20g
太白粉	約15g
鹽巴	少許
黑胡椒	少許
沙拉油	適量
※肉類要冷卻備用	

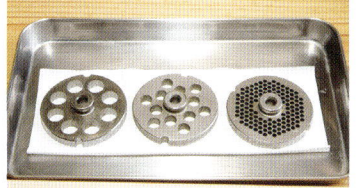
絞肉機的孔板。使用3種不同尺寸的孔板，將材料各別絞碎。

南青山 七鳥目

改變絞肉的方式，藉此增添口感

❶雞頸肉採用中絞。

❷雞腿肉採用粗絞。

❸把鴨肉的絞肉（細絞）、瀝乾水分的洋蔥末、調味料，混進雞頸肉、雞腿肉的絞肉裡面。

❹持續混拌，直到產生黏性。

❺手掌沾油，取1個60g搓圓。像接球那樣，讓雞肉丸在雙手之間往返，拍打出空氣。插入串籤，塑形成棒狀。用手指按壓，封住雞肉丸根部，以免燒烤時裂開。

❻重新將雞肉丸塑形，用大火燒烤表面，讓形狀定型。

❼因為雞肉丸有一定的厚度，所以要用小火慢烤，一邊翻轉，直到內部熟透。

❽像漢堡排那樣，呈現表面焦黃，整體因肉汁而膨脹的狀態時，用手觸碰，確定具有彈性後，沾上醬汁。

❾稍微炙燒，再次沾上醬汁，上桌。

店長
川名直樹

擄獲成年顧客的心
秉持自信所推出的套餐形式

　　川名直樹先是在割烹料理店修業8年，接著，在確實學習日式料理的基礎後，又到好幾間雞肉串燒店累積經驗，最後於2016年自立門戶。基本上，所有烹調都由他一個人負責。基於營運考量，同時又希望讓顧客享用自己秉持自信所製作的料理，所以便決定以一道套餐的形式決勝負。

　　基於各種食材所希望展現出的要素，而在事前處理、切法、烤法方面下足功夫。其中，對於火侯也有專屬於他個人的堅持，為了讓顧客吃得安心、安全，絕對不推出生食。為了製作出軟嫩、多汁的口感，總是以恰到好處的熟度為目標。比起調味料的運用，主要是藉由烤法的改變來增添變化。調味主要採用傳統醬汁和鹽巴。目標就是確實入味，與雞肉味道的相乘效果。

木炭現在使用不容易炭爆的土佐備長炭。一邊揮動團扇，一邊控制火侯。

鹽巴使用馬爾頓天然海鹽，用攪拌機攪成細末後使用。鹽燒雞肉串燒會在一開始的時候就撒鹽，除此之外，油脂滴落的時候、上桌前，也會撒鹽。

醬汁
清爽順口的傳統醬汁

自開業以來，持續添加使用。為了配合自家店使用的地雞，調製成清爽順口的味道。不添加油和酒，透過與鹽巴的搭配使用來增添鮮味。

材料

醬油／味醂／中雙糖

製作方法

以相同比例，將所有材料混在一起加熱，使中雙糖溶解。

南青山 七鳥目

雞肉料理

融合其他業種要素 與玩心的料理也圈粉無數

也經常和其他業種的主廚交流，料理也導入許多日式料理以外的豐富要素。用雞骨熬煮的雞湯拉麵，也是該店的名產之一。

鹽味雞肉蕎麥麵

可在套餐最後另外單點，作為收尾料理的麵食料理。用整隻雞的雞骨，加上備料時剩餘的邊角料，不使用化學調味料，所熬煮而成的雞骨湯為基礎。

材料

雞湯（雞骨湯底。熬煮7小時而成）
海鮮湯（用小丁香魚、鰹魚節、宗田節、昆布熬煮而成）
鹽味麵汁（用小丁香魚、昆布、香菇、蝦米、干貝乾、鹽巴、水等熬煮而成）
雞油
麵（細麵，採購）
白髮蔥

製作方法

把雞湯、海鮮湯和鹽味麵汁裝進碗裡，放入煮好的麵。淋上雞油，裝飾上白髮蔥。

蒸雞肉

套餐當中也加入了參考其他業種所製成的料理。照片是由中式的「口水雞」所改良而成的雞肉料理。用低溫烹煮，可以享受到不同於雞肉串燒的美味口感。

材料

雞胸肉（用61℃加熱1小時30分鐘）
醬汁（黑醋、醬油、砂糖、芝麻油、辣油、山椒油、生薑、蒜頭）辣油、白髮蔥、芫荽、白芝麻

製作方法

把雞胸肉放進蒸氣烤箱，用61℃加熱1小時半。冷卻備用，放進碗裡，淋上醬汁、辣油。裝飾上白髮蔥、芫荽，撒上白芝麻。

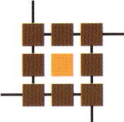

焼鳥 うの

在店內分解，將光雞細分化。將豐富部位商品化的技術

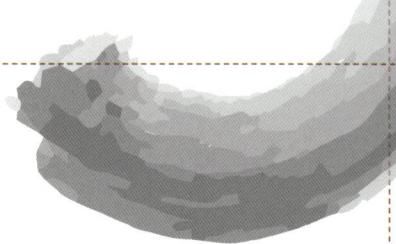

店長宇野誠一在目黑『焼鳥笹や』、西麻布『鳥匠』累積經驗後，於2011年自立門戶，開設『焼鳥うの』。直接採購去骨的伊達雞，在店內進行分解細分化，就連稀少部位也都是店內的商品。「雞胗」、「雞肝」或「雞心」等，一隻雞只能獲取少量的部位，也會以各別形式採購，主要的商品共計有23個部位。多餘的脂肪會製作成自製雞油；附著在雞骨上，無法成形的肉，會刮下製作成絞肉；雞骨則用來熬成雞湯，物盡其用，沒有絲毫浪費。另外，重視口感的同時，肉塊大且份量十足的部分也獲得許多好評。

堅持品質的同時，也十分重視輕鬆的「挑選樂趣」，備有單點和套餐兩種形式，單點的顧客約佔6成。本地顧客和流動顧客的比例約占各半，男女比例相同。平常日的客層大多是40～50歲，周末則是以20～30歲的客層居多。

ShopData

地　址	東京都世田谷区奥沢3-30-11 トレジャーハイツB1F
負責人	宇野誠一
規　模	12坪・15席
公休日	星期二
營業時間	17時30分～22時
客單價	6000日圓

一串	330日圓、440日圓
雞肉	伊達雞

光雞的分解法

雞隻達到某程度的大小後，雞腿肉才會有豐富脂肪，才會變得美味，因此，伊達雞的光雞（掏空內臟的狀態）都是指定採用飼養180天，重量不到3kg的公雞。不經過批發商，直接在冷藏狀態下送達店內，以新鮮度最佳的狀態提供給顧客。一天採購2隻，並依各部位仔細分解，商品化。

伊達雞2.8kg的光雞。

◉ 摘取雞腿肉

❹反方向也同樣切出切口。把手指插進切開的部分，抓住大腿，往大腿端扳開。

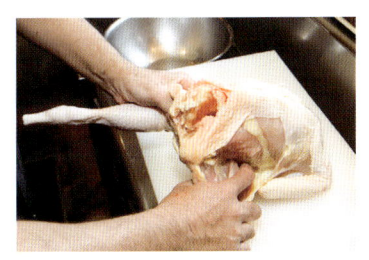

❺把手指插進切口，抓住雞腿，拉向背部。

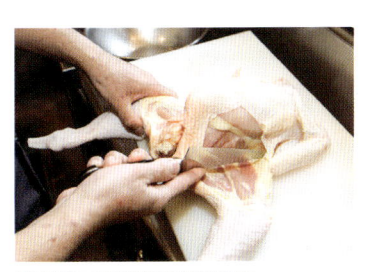

❻用菜刀切斷腳根部的肌腱。

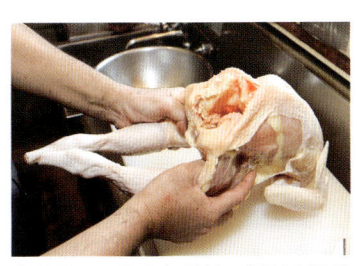

❼抓著腳，往背部拉扯，折斷大腿的關節。

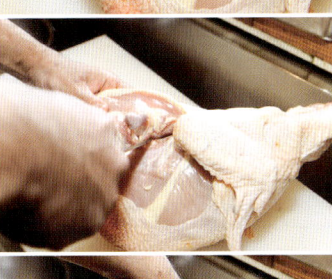

❽把整隻光雞翻過來，讓背部朝下。骨頭根部上面有「雞蠔肉」。用菜刀的前端切出切口，把拇指插入，扯斷「雞蠔肉」周邊的筋。

〈摘取雞屁股〉

❶光雞清洗乾淨後，腹部朝上放置。將雞屁股切下來。

❷菜刀呈縱向，在腹部中央切出切口。

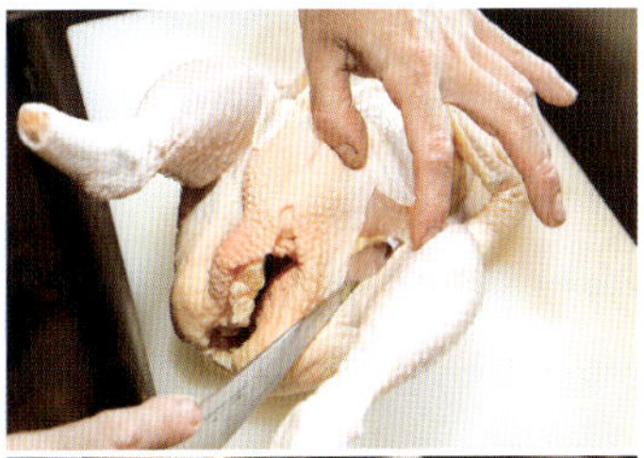

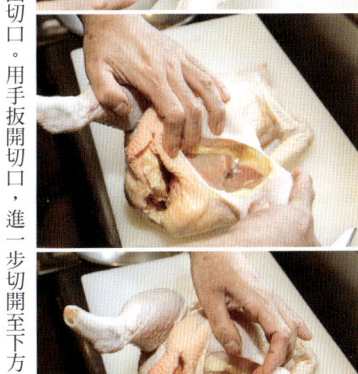

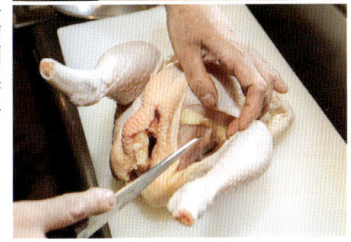

❸用菜刀在腳的根部切出切口。用手扳開切口，進一步切開至下方。

◎ 摘取雞胸肉

❸用菜刀在雞胸肉和橫膈膜的交界處切出切口，用手撕開。

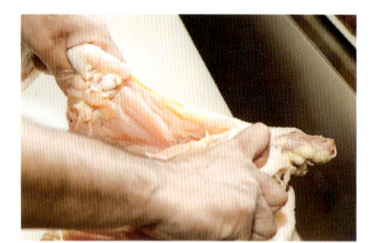

❹抓住雞翅，扯下整片雞胸肉。

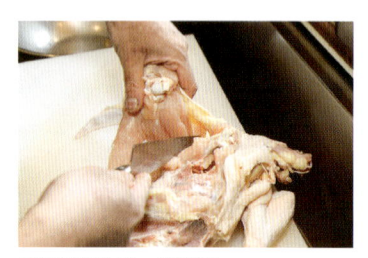

❺把連接的筋、皮撕開。

❻再進一步拉扯，徹底扯下翅膀和雞胸肉。

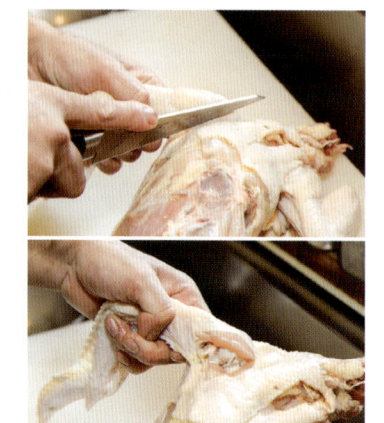

❶抓住雞翅，把菜刀插進肩膀根部的關節縫隙之間，切出切口。

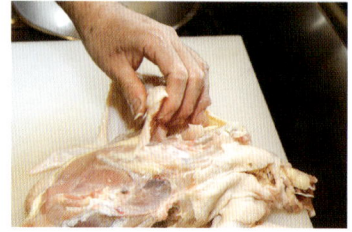

❷把菜刀的前端插進肩胛骨的部位，切出切口，用手撕開。

❾用菜刀切斷腳根部的筋、軟骨。

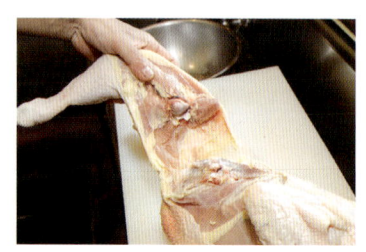

❿抓著腳，用手拉扯，扯下骨頭和肉。

⓫用菜刀切斷殘留的雞皮。

⓬反方向的雞腿也用相同的方式分切。

⓭切掉腰部的皮。連同頸部的皮一起製作成「雞皮」烤串。

❹照片前方是連接著內臟等器官的狀態。腰部的脂肪和橫膈膜周圍的脂肪，留下來製作雞油。鎖骨周邊等部位還有肉殘留，這些不成形的肉要刮下來，作為絞肉的材料。照片後方的骨頭則用來熬煮雞骨湯。

◉ 摘取胸骨

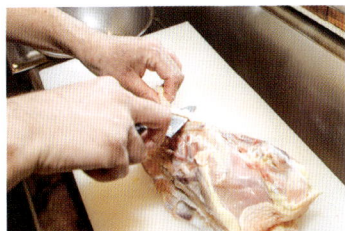

❶用菜刀切開頸皮連接的部位，用手撕開。食道等部分會連接在上面，這些部分要留著，只把皮撕掉就好。

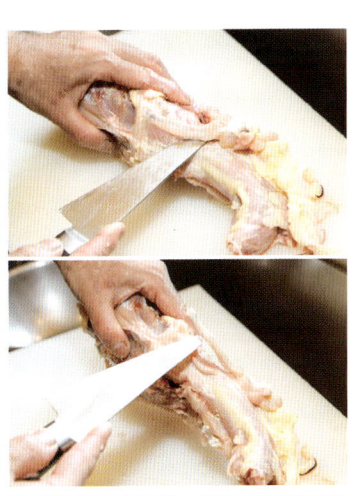

❷肩胛骨還連接著，所以要用菜刀的前端切開，然後撕開。反方向也同樣要撕開。

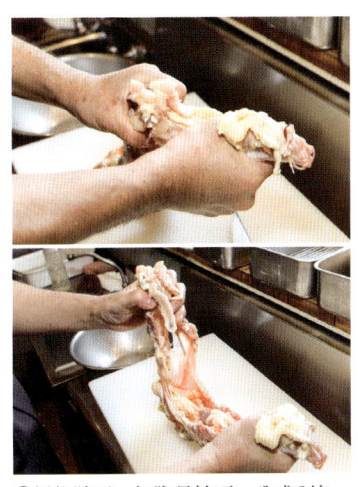

❸抓住脖子，把胸骨扯下，分成2塊。

◉ 摘取雞柳

❶因為有筋，所以菜刀要立起來，沿著骨頭切開。

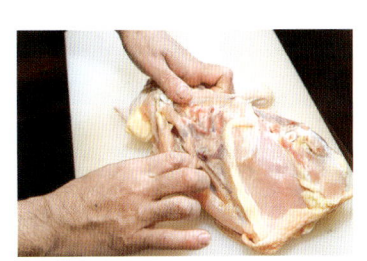

❷把手指插進骨頭和雞柳的交界處，用手撕開。

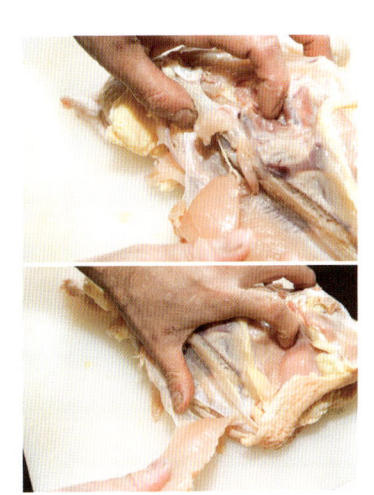

❸把雞柳從薄膜上面扯下。反方向的雞胸肉、雞柳，也用相同的方式拆解。

◉ 摘取腰皮和橫膈膜

❶撕下腰皮和橫膈膜。肉的部分是橫膈膜。把它和皮切開。

❷從鎖骨等骨頭上面，把肉刮下來。

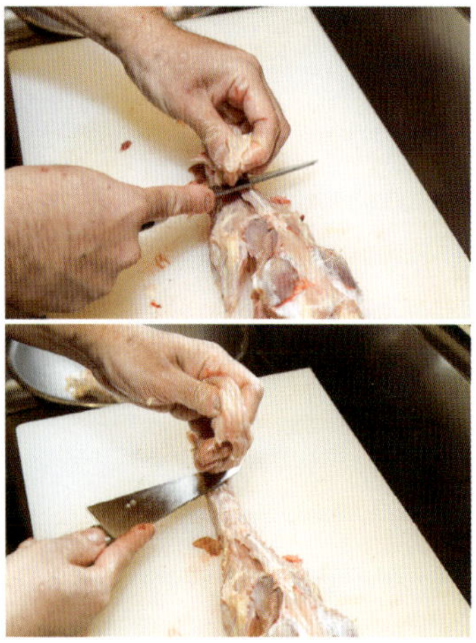

拆解內臟

❷抓著切開的部分,一邊拉扯,一邊切削至頸部下方。

❸背面也要以相同的方式切開。切削至與身體相連的位置。

❹因為根部有骨頭,所以切削的時候要避免碰觸到骨頭。

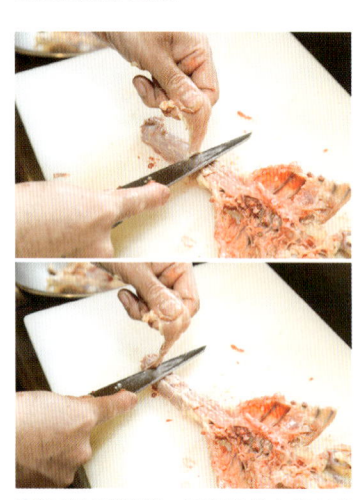

❺沿著骨頭切削。這部分的肉沒有表面那麼多。背面的肉用來製作絞肉(帶有脂肪更好吃)。

❷反方向也一樣,用手指壓出,把「雞股肉」扯下。

摘取背肝

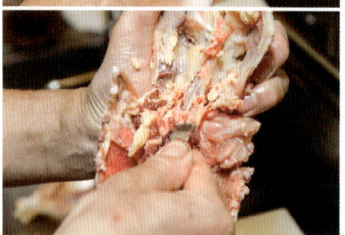

把手指插進位於雞股肉下方的腎臟(背肝),摘下腎臟。為避免弄壞腎臟,黏在背骨上的腎臟部分,要用鑷子小心剝離,一邊拉扯摘下。

摘取雞頸肉

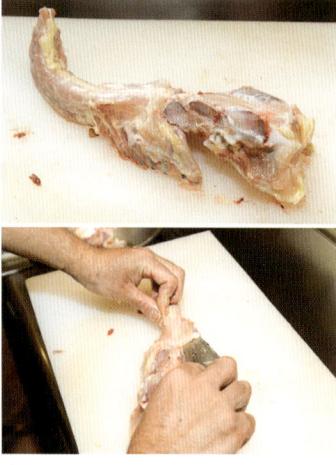

❶菜刀從脖子根部切入,沿著骨頭剝離雞頸肉。

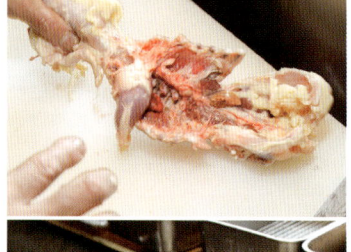

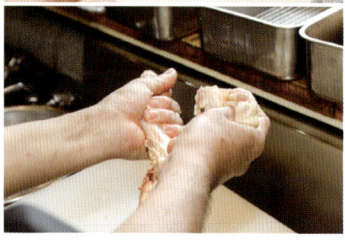

❶有時也會有雞心等內臟連接在胸骨上面的情況。這個時候,就用手撕下食道和氣管。

❷把肺臟和雞心切下來。

摘取雞股肉

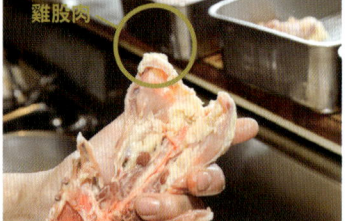

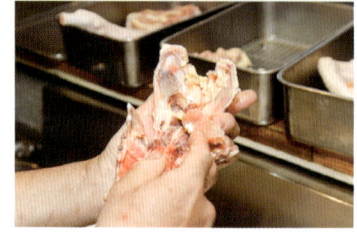

❶「雞股肉」位在腳根部,兩側骨頭凹陷的部位。用拇指按壓,把肉扯下。

焼鳥うの

❺用刀背斬斷骨頭。

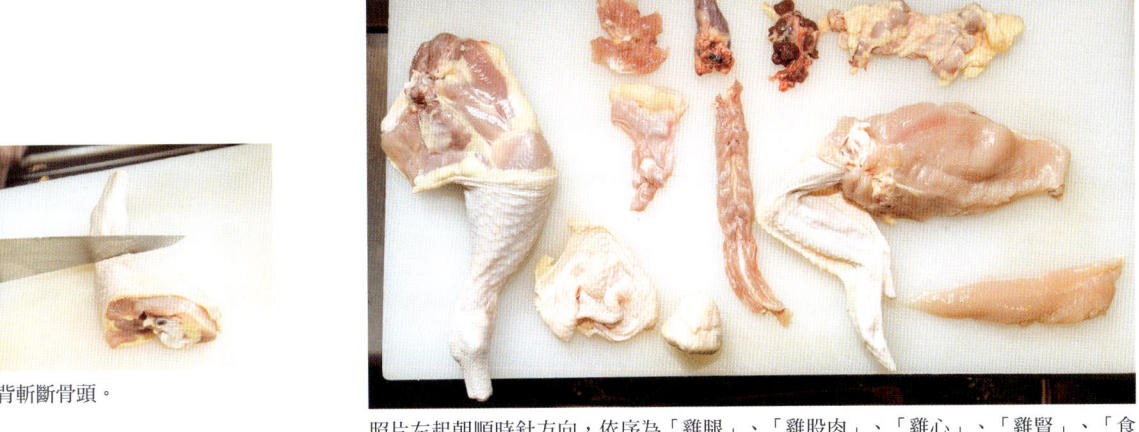

照片左起朝順時針方向，依序為「雞腿」、「雞股肉」、「雞心」、「雞腎」、「食道」、「雞胸肉」、「雞翅」、「雞柳」、「雞頸肉」、「橫膈膜」（中央）、「雞屁股」、「頸皮」。

◉ 分切雞腿

❻沿著骨頭，用菜刀削下小腿肉，切掉露出的骨頭。

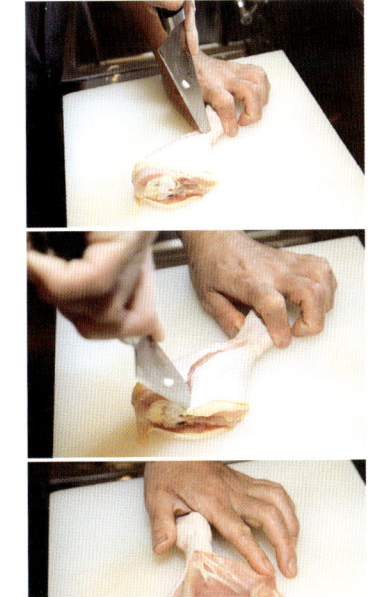

❸膝蓋下方有1根較粗的骨頭。從下方沿著骨頭，把肉切開。

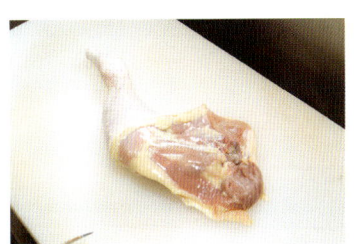

❶將雞腿分成「雞蔥串」、「雞腿肉」、「雞蠔肉」、「腿內肉」、「膝軟骨」5種商品。

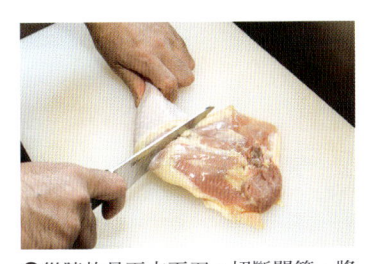

❷從膝軟骨下方下刀，切斷關節。將大腿肉和小腿肉分開。

❼下方的骨頭也要切掉。

❹切斷筋。

〈摘取「雞蠔肉」、「腿內肉」、「膝軟骨」〉

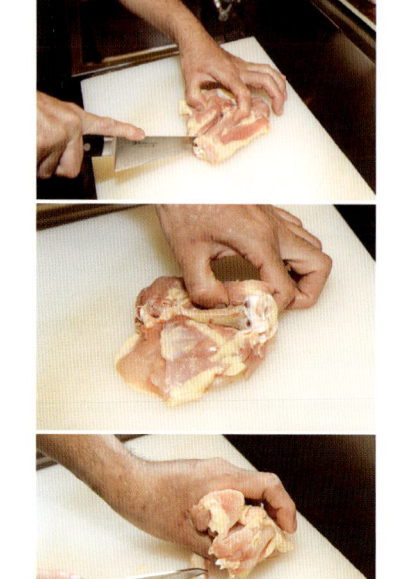

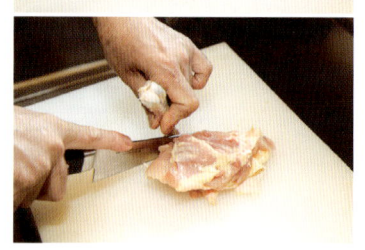

❷前方是「雞蠔肉」。位於後方的是「腿內肉」。左上方則是「膝軟骨」。

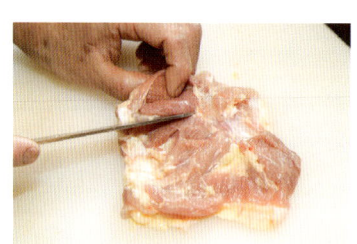

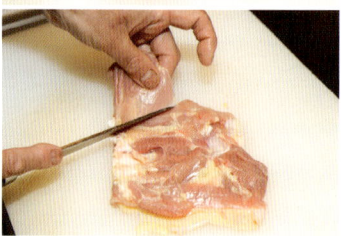

❸削下腿內肉。

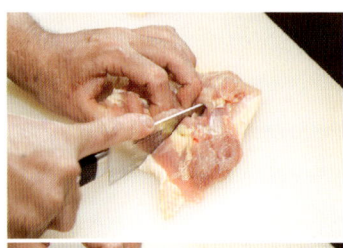

❹雞蠔肉周邊的肉,帶皮切成大塊。

❺把皮拉到一邊,切掉一大塊膝軟骨。

❶沿著骨頭切開,拆下骨頭。

❻照片左起為「腿內肉」、「雞蠔肉」、「膝軟骨」、「大腿肉」、「小腿肉」。大腿肉的肉質清淡,小腿肉則是纖維細膩。

40

燒鳥

❺前端部分有些許軟骨殘留，進一步切除。

分切雞柳

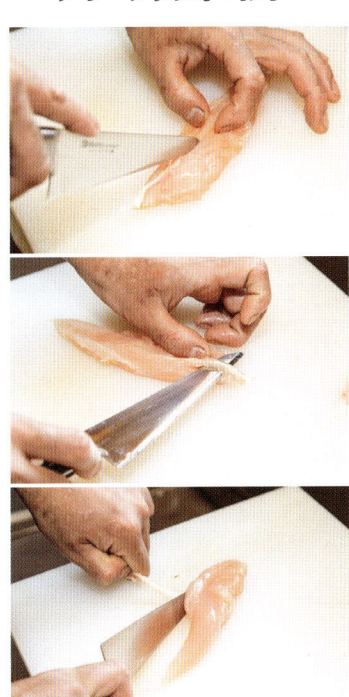

❶用菜刀的前端把肉切開，把筋拉掉。

❷去除連接在周邊的薄膜。

分切雞翅

❶拔掉雞毛，切掉邊緣部分。

❷切開雞小翅和雞中翅。

❸用手拉扯翅膀部分，讓雞翅呈現直立狀態，插入菜刀，沿著背部，把肉切開。

❹裡面有2根骨頭。為了更方便食用，要把較細的骨頭剔除。把菜刀插進骨頭和骨頭之間，切掉較細的骨頭。

分切雞胸肉、雞翅

❶菜刀在關節處下刀，切下雞小翅。

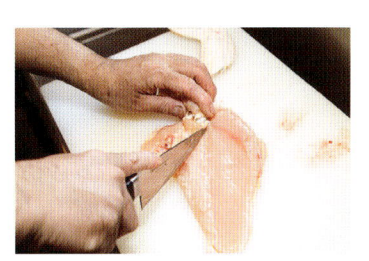

❷切開手腕根部、雞肩和雞胸肉之間。

❸把雞翅腿和雞肩一起切下來。

❹切開雞肩和雞翅腿。

❺照片左起分別是雞小翅、雞翅腿、雞肩、雞胸肉。

皮包肉

330日圓

由油香四溢的雞胸肉皮和清淡小腿肉組合而成的皮包肉。用雞胸肉皮把小腿肉包起來，製作成雞肉串燒，讓小腿肉變得多汁美味。奢侈使用最美味的部位。一串77g。

用油香四溢的雞胸肉皮包覆濕潤的小腿肉

使用自伊達雞的光雞取下的雞胸肉和小腿肉。雞胸肉皮僅使用富含脂肪的部位，不足的部分有時也會進一步額外採購。

焼鳥うの

⓬在整體淋上日本酒，這樣鹽巴比較容易附著，不易烤焦。將鹽巴撒在雞皮面。

⓭在火力適中的位置，從雞肉端開始燒烤。最後在火力較強的位置，將雞皮烤成焦黃色。

⓮頻繁地翻轉，讓兩面均勻受熱。

⓯雞皮和雞皮重疊的部分也要確實燒烤。8分熟之後，用刷毛把醬油塗抹在雞皮面。

⓰最後放上柚子胡椒，上桌。

❽用手指掐住雞皮，將串籤從縱長方向的前端插入。

❾用皮把雞胸肉包覆起來，依照小腿肉、雞皮的順序串刺。

❿第2個、第3個也以相同的方式，依照肉、皮的順序串刺。

⓫將兩端切齊。

基於串刺的便利性，分切成大、中、小

❹基於串刺的便利性，不管是肉厚，還是肉薄，都要切成一口大小。

❺切成大、中、小尺寸，排列備用。

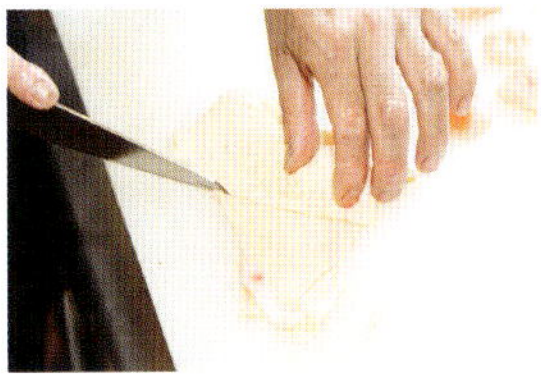

❻雞胸肉皮在薄的部分和厚的部分切開。僅使用脂肪豐富的部分來製作「皮包肉」。

❼雞胸肉皮切掉邊緣部分，成形。因為要包著小腿肉串刺，所以尺寸要稍微長一點。

❶因為有時會有毛殘留，所以要先仔細檢查，用拔毛器拔掉。

❷把皮撕下。

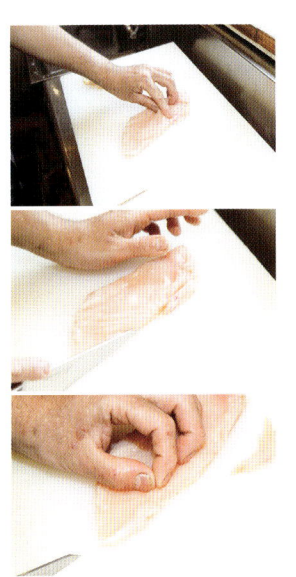

❸邊緣有筋。連同筋一起切掉，成形。

雞翅皮

330日圓

使用雞小翅當中帶有肉的皮。富含膠質的部位烤至酥脆，讓人充分感受到膠質的香甜，裡面則是十分軟嫩。由於雞皮本身幾乎沒什麼味道，所以要確實讓沾醬入味，搭配美味沾醬一起品嚐。沾醬使用特別帶有酸味的沾醬。一串46g。

膠質滿滿！享受恰到好處的口感和沾醬滋味

使用從光雞上面切下的雞小翅，以及另外採購的材料。

焼鳥うの

⓫醬汁滲入表面後，沾上第2次的醬汁。

⓬醬汁滲入表面後，用刷毛刷上帶有酸味的沾醬（添加了義大利香醋或紅酒的醬汁）。

⓭撒上黑胡椒，上桌。

❼最後也算是帶有固定的意思。把小尺寸的雞皮確實折疊後串刺。

❽抹平表面，使厚度一致。

❾一邊翻轉，用中火慢慢燒烤。

❿表面的油脂開始冒泡後，沾上醬汁。

❹從小尺寸開始串刺。第1片讓雞皮前端的尖銳部分朝下，以縫刺方式插進雞皮的中央。

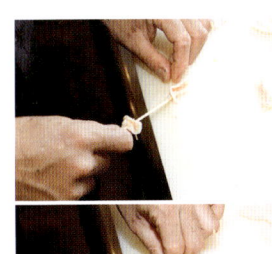

❺第2片以後也一樣。同樣以縫刺方式串刺，一邊讓雞皮緊密貼合在一起。

❻從側面拍的照片。緊密推擠雞皮，避免之間產生縫隙，同時藉此增加厚度。

❶肉較厚的那一面朝上，一邊抓著凸出的部位，一邊沿著骨頭切削。上半部用來製作「雞翅皮」。下半部則留下來熬煮雞骨湯。

確實清除裡面的毛

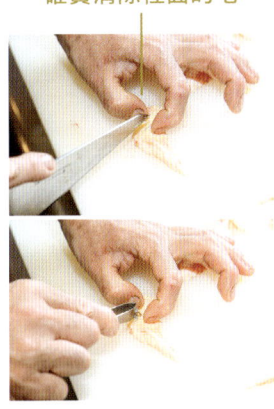

❷處理上半部。用拔毛器拔除殘餘的毛。有時也會有毛根殘留，這個時候就要用菜刀稍微把肉切開，讓毛根露出，然後再進行拔除。

❸把1片切成對半。大致分成大尺寸和小尺寸。

45

雞翅腿

330日圓

拿掉雞翅腿的骨頭，讓客人更容易食用。口感趨近於雞胸肉的肉，脂肪和膠質均衡，非常受歡迎的雞肉串燒。因為容易受熱，所以要留意避免烤焦，串籤最上面的第一口烤出漂亮的焦黃色就可以了。利用與「雞翅腿」共用的酸味沾醬增添變化。一串64g。

清淡肉質加上適當脂肪，仔細的處理更容易食用

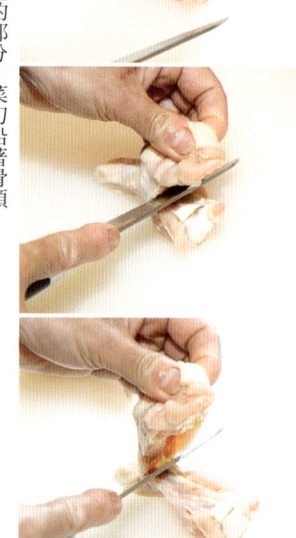

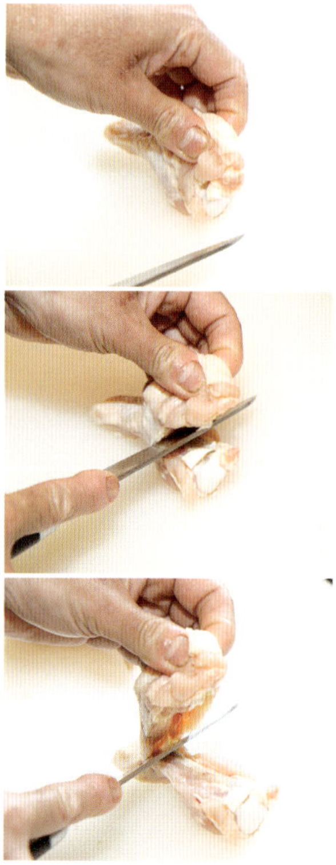

❶ 單手掐住表面隆起的部分，菜刀沿著骨頭切入，把肉從骨頭上切開。

❷ 切削的肉的時候，要把殘留在骨頭根部的軟骨切掉。

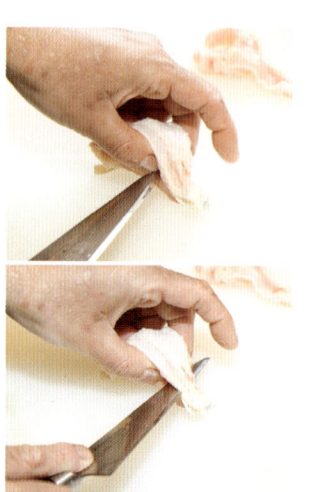

❸ 切削背面的肉時，將刀刃朝向骨頭變細的那端，從骨頭和肉之間插入，切斷筋，把下半部的肉從骨頭上切削下來。

❹ 刀刃朝向相反方向（骨頭變粗的那端），單手把肉立起來邊沿著骨頭，插入菜刀，把肉從骨頭上切削下來。

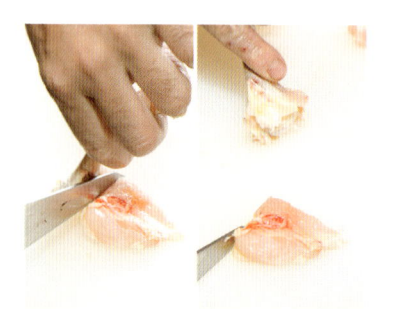

❺ 剩下還連接著筋和骨頭的部分，只把肉的部分切下來。

焼鳥うの

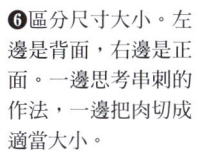

❻區分尺寸大小。左邊是背面，右邊是正面。一邊思考串刺的作法，一邊把肉切成適當大小。

❼從背面的薄皮部分開始串刺。像是捲繞在串籤上面似的，確實固定。

❽第2個以後使用表面的肉。把肉加以重覆折疊，讓皮朝上，從肉的中央串刺，讓肉緊密貼合。

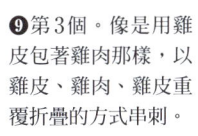

❾第3個。像是用雞皮包著雞肉那樣，以雞皮、雞肉、雞皮重覆折疊的方式串刺。

❿第4個。像是用雞皮把肉包起來那樣，從雞皮的上方插入。肉塊的數量會因當時的份量大小而有所不同。因為希望第一口就吃到肥美的肉，所以就把最大的肉塊留到最後。

⓬最後，用刷毛刷上「雞翅皮」使用的酸味沾醬，僅塗抹於雞皮。

第1口的皮確實烤至焦黃

⓫在整體撒上清酒，把鹽巴撒在雞皮上面。從肉開始，一邊燒烤兩面。剛開始用中火，最後用大火，讓雞皮呈現焦黃色。肉和肉之間也要確實加熱。

⓭稍微炙燒雞皮，撒上黑胡椒，上桌。

47

雞小翅

440日圓

富含膠質和脂肪的軟嫩雞小翅。雞肉和雞皮的質地差異很大，烤的時候要格外留意肉的部分。烤出豐潤的雞肉，與酥脆的雞皮。一串89g。

❶ 預先分成大的、厚的、小的、薄的。

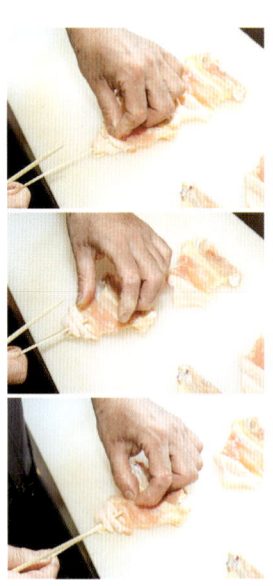

❷ 從小塊、薄的先開始串刺。雞皮朝下，讓骨頭在背面。右手抓著串籤，左手把肉推擠在一起，像是串縫那樣地串刺中央部分。

❸ 每塊大約串刺5次左右，最後在接近骨頭的部位，讓串籤穿過骨頭下方，像是把骨頭往上推那樣，推動串籤，讓串籤從骨頭邊緣穿出。

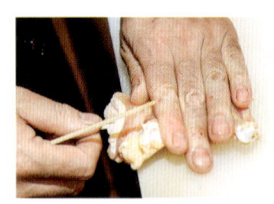

❹ 第2塊也以相同的方式串刺，用手把厚度壓均勻。

注意肉的部分，烤出豐潤感

❺ 整體撒上日本酒和鹽巴，從肉的部分開始烤。用中火一邊翻轉燒烤，雞皮用大火烤。注意肉不要烤得過熟。

❻ 為了均勻受熱，要把串籤反轉，燒烤兩面。

❼ 用刷毛把醬油抹在雞皮，稍微把雞皮烤焦黃。隨附上酢橘，上桌。

皮和肉都十分美味

48

焼鳥うの

雞股肉 330日圓

❸在整體淋上日本酒，撒上鹽巴。

伊達雞比較大，所以可以取到雞股肉。另外採購的雞骨也可以取到雞股肉。

緊密擠壓，製作出厚度

❶先從小塊開始串刺，從中央插入。較薄的部分就稍微重覆折疊後再串刺。進一步擠壓，製作出厚度。

❹一邊翻轉，一邊用中火慢慢燒烤。保留軟嫩的同時，留下油脂香氣。

❷逐片串刺，一邊用手擠壓，製作出厚度。

❺最後在單面快速抹上醬油，稍微炙燒。

❻撒上黑胡椒，上桌。

趨近於雞胸肉的味道，口感軟嫩，帶有內臟風味的油脂也十分美味。把帶有厚度的部位推擠在一起，製作出厚度，在保留軟嫩的情況下進行燒烤。希望保留油脂香氣，所以僅撒上些許鹽巴、胡椒調味，最後再用醬油增香。

**恰到好處的軟嫩
和獨特的油脂香氣**

49

雞肝

330日圓

嚴選形狀漂亮且不易變形的種類，切成大塊。每串約45g，肉薄的部分也要製作出適當的厚度，讓口感更添滿足。注意利用預熱加熱的部分，燒烤至幾近熟透的狀態。

形狀漂亮且大塊的雞肝。
恰到好處的火侯，
吃起來更順口

❶ 把雞心切掉

❷ 雞肝的肝葉有一大一小，在肝葉的交界處，進行雞肝的分切。

❸ 小肝葉切成對半。

❹ 大肝葉和雞心連接的部分有筋，所以要切掉筋的邊緣部分。大約切成3塊。

❺ 大略區分成較大塊且肉厚的種類、邊緣較薄的部分。

❻ 先從小且薄的部分開始串刺。薄的部分重覆折疊後再串刺。帶有厚度的部分，對折後串刺。藉此維持一定厚度。緊密擠壓，避免產生縫隙。

❼ 雞心切掉血管部分，並縱切成對半。

最上方用雞心固定

❽ 雞心橫放，串刺在串籤的最上方。如果只有雞肝，雞肝容易從串籤上脫落，所以就用雞心來加以固定。

將表面烤至焦香後淋上醬汁。

❾ 為了烤出恰到好處的熟度，在火侯稍微穩定的位置開始燒烤。烤至單面的表面變硬後，沾上醬汁。

❿ 燒烤另一面。另一面烤好之後，沾上第2次的醬汁。燒烤兩面，避免烤焦。用手觸摸，確認熟度。最後沾上第3次的醬汁，上桌。

焼鳥うの

運用新鮮度，
用鹽巴和生醬油調味

雞心 330日圓

善用食材的味道，用鹽巴和生醬油調味。雞心採購伊達雞略大尺寸的雞心。為避免表面變硬，不採用大火，改用慢火，燒烤出恰到好處的口感。一串少於50g。

❶ 把血管部分切掉。大顆的雞心切成對半。小的直接使用。

❷ 用水清洗，去除雞心裡面的血管。小顆的雞心不水洗，盡可能去除即可。

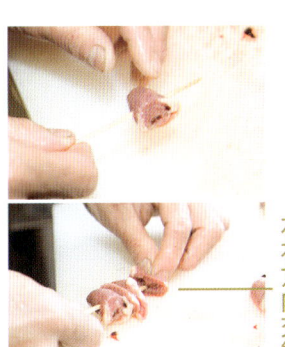

左右方向交錯

❸ 從小顆雞心開始串刺。第1塊直接從整顆雞心的正側面串刺。第2塊以後，從剖面開始串刺。左右交錯，避免產生縫隙。

❹ 每串約使用7～8塊雞心。前端（最後一顆）用整顆雞心，直接從正側面串刺。尖端要與下方的雞心呈反方向。

❺ 在整體淋上日本酒，在兩面撒上鹽巴。和雞肝一樣，為了燒烤至恰好的熟度，避免烤焦，因此要勤勞地翻轉。

❻ 尤其在快完成的時候，更要勤奮地翻轉。

❼ 最後，用手確認內部是否熟透。以8～9分熟為目標。

❽ 烤至8～9分熟的時候，用刷毛刷上醬油。

❾ 同時也要檢查肉和肉之間的熟度。

❿ 稍微烤一下，撒上粗粒黑胡椒，上桌。

51

雞胗

330日圓

厚切卻又多汁的燒烤風味

藉由厚切的方式來增添嚼勁，運用食材的新鮮度，烤出多汁口感。用大火燒烤，偶爾翻轉，均勻燒烤兩面，大約在8分熟的時候抹上芝麻油，烤出豐潤感。一串45g。用鹽巴、生醬油、黑胡椒調味。

❾ 在整體淋上日本酒，兩面都撒上鹽巴。用大火仔細燒烤，偶爾翻轉一下，兩面均勻加熱，避免烤焦。

❿ 大約8分熟之後，用刷毛把芝麻油抹在兩面。增加一點香氣，烤出膨潤感。

⓫ 最後用刷毛抹上醬油，稍微炙燒。撒上黑胡椒，上桌。

❻ 第2個以後，從厚肉的正中央插入。

❼ 為避免產生縫隙，串刺的時候要讓肉的方向交錯。

❽ 最頂端（最後一個）串上較厚的肉。

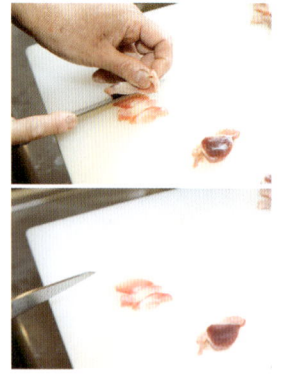

❹ 反方向也要用相同的方式切削。保留下方的銀皮。

薄的部分捲繞串刺

❺ 從較薄的肉開始串刺。薄的肉要折疊起來，以捲繞的方式進行串刺。

❶ 去除銀皮。如照片般，雞胗比較大塊的話，就將1塊雞胗切成2塊。如果雞胗比較小塊，就不要把雞胗切半，直接使用整顆。首先，從中央切開，避開銀皮，切削下可食用的部分。

❷ 把殘留的銀皮切掉。

❸ 剩下的另一半，從雞胗較薄的部分切開，保留底下的銀皮，切削下可食用的部分。

52

雞膝軟骨

440円

帶有豐富脂肪的膝蓋周邊也有雞腿肉和皮附著，將其切成大塊。軟骨的硬脆口感和油香四溢的雞腿肉和雞皮，組合成「完美」的一串。軟骨用菜刀敲碎，變得更容易食用。雞皮在烤酥的同時，要注意避免加熱過度。一串94 g。

連同肉和雞皮一起享受軟骨的口感

確實敲打軟骨

❶ 雞腿肉去骨，把軟骨周圍的肉、脂肪，連同雞皮一起，切成較大的長方形。

❷ 膝軟骨用菜刀確實敲打。

❸ 邊緣的紅色部位口感不好，所以要切除。

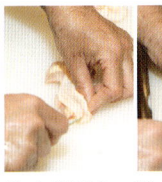

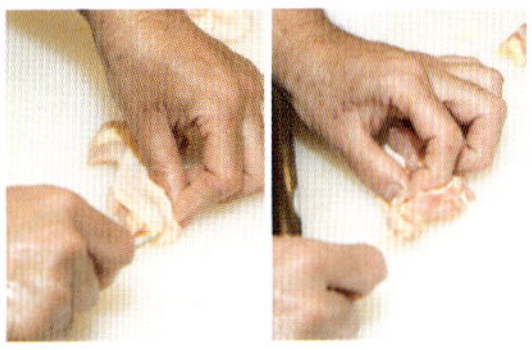

❹ 串刺2塊。從小塊開始串刺，讓雞皮朝上，從雞皮的邊緣開始插入，穿過肉的部分。肉用串縫的方式串刺。

❺ 最後，用雞皮把肉包起來，從內側串刺雞皮。表面呈現雞皮緊繃的狀態。將邊緣部分切齊。

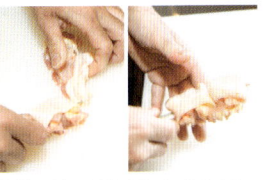

❻ 第2塊以相同的方式串刺，用雞皮把肉包起來。讓第1塊肉和第2塊肉緊靠，將邊緣部分切齊。

❼ 在整體淋上日本酒，在兩面撒上鹽巴。因為比較大塊，所以要慢慢烤。從肉開始用中火，一邊翻轉燒烤。

❽ 最後，用大火把雞皮烤至酥脆，在雞皮抹上醬油。

❾ 稍微炙燒，烤出焦黃色，最後淋上檸檬汁。稍微炙燒，撒上黑胡椒，上桌。

雞肉丸

330日圓

把雞腿肉和雞柳混進分解光雞時的邊角料裡面，藉此做出均衡的組合搭配。邊角料採用粗絞，雞腿肉等部分用菜刀切成粗粒，藉此增添口感變化，製作出肉香四溢的雞肉丸。稍微炸一下，讓表面變硬，這個時候，要使用自製雞油來增添香氣。一串66g。

藉由當天的部位，改變每次的味道

材料

雞絞肉（分解光雞時的邊角料、處理雞腿肉時殘餘的小腿肉部分等）	1～1.5kg
雞切塊肉（雞腿肉、雞柳、分解時的小腿肉等清淡部位的邊角料）	1～1.5kg
洋蔥末	2顆
雞蛋	1個
黑胡椒、鹽巴、太白粉、醬油	適量

透過酥炸，讓表面變硬

❶ 把相同份量的肉類混在一起，將洋蔥末的水分瀝乾，混入。加入雞蛋、黑胡椒、鹽巴、太白粉、醬油。

❷ 確實揉捏，直到產生黏性。

❸ 取乒乓球大小。

❹ 用手沾沙拉油，搓成圓形。

❺ 把自製雞油和沙拉油倒進平底鍋加熱，用大火加熱雞肉丸。

❻ 目的是讓表面變硬，而不是煮熟，因此，加熱至變色程度即可。

❼ 放涼後，從正中央插入串籤。每串3個。

❽ 在整體淋上日本酒，在兩面撒上鹽巴。用中火一邊翻轉燒烤。用手觸摸，確認熟度。中央熟透後，上桌。

54

焼鳥うの

為各個部位設定目標風味
根據雞的狀態，製作出理想的一串

店長
宇野誠一

　　每天都能提供自己認為「完美」的料理，便是他的終極理想。雖然食材和木炭的狀態每天都不一樣，不過，仍經常性地以相同味道為目標。為各個不同的部位設定目標風味，朝向那個目標，仔細觀察當天的雞肉狀態，然後再逐一進行分解、串刺、燒烤。基於口感問題，而將每串的份量設定在50g至100g之間。但相對之下，燒烤起來就會變得比較困難，基本上就是避免加熱過度，盡可能控制在恰到好處的熟度。兩面均等加熱，便是美味的關鍵。

　　希望讓食材增添風味時，會使用醬汁。另一方面，希望讓焦香更添風味時，有時也會直接使用生醬油。基本上都是根據部位來做決定，不過，有時也會根據顧客點餐的內容或出餐順序隨機應變。

醬汁

濃度和味道恰到好處
為食材增添美味的醬汁

以過去修業的『燒鳥笹や』的醬汁為基礎，再根據自家店的雞肉，用味醂、醬油和中雙糖開發而成。「不喜歡太甜的味道，可是，太爽口又感受不太到味道」，基於這樣的想法，而開發出介於「清淡」和「濃稠」之間，略帶甜味的醬汁。

挪動烤台上的鐵桿，就可以按照燒烤的雞肉串燒來調整寬度。木炭基本上使用紀州備長炭。紀州備長炭的特性除了火侯強勁之外，當油脂從雞肉串燒上滴落時，木炭還會散發出濃郁香氣。主要使用小塊的木炭，碰到大塊的木炭時，會先將其搥打成小塊，讓木炭的大小一致，再進行使用。

除了一般的醬汁外，還會使用在醬油裡面添加義大利香醋或紅酒的酸味醬汁、生醬油、芝麻油、雞油。

材料
醬油、味醂、中雙糖

製作方法
所有材料混在一起加熱，靜置。

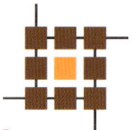

鳥佳

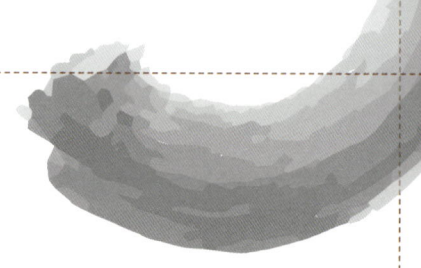

秉承名店風格，以獨特創意開發全新雞肉串燒

2014年開幕，之後又於2023年3月重新開幕的『鳥佳』。店長飯田忍為專注於料理和每一位顧客，採用僅有8個座位的吧檯座，菜單僅濃縮成一道主廚套餐。

根據博多雞肉串燒所開發的「雞皮」等，原創雞肉串燒一應俱全，全都非常受歡迎。特別注重「炭香、熱氣與多汁」，在切法、串刺和烤法方面也獨具巧思。採用目黑名店『鳥しき』的精髓，被稱為「近強火」的烤法，讓帶有厚度且大塊的雞肉串燒充滿濃厚的木炭香氣。雞肉主要使用口感極佳且鮮味強烈的伊達雞。食材是按照各部位進行採購。

套餐組合是12支雞肉串燒和5道單品料理。以搭配紅酒為主題，提供全新的美味雞肉串燒方案。

ShopData

地　址	東京都渋谷区恵比寿西1-8-13 エムロード戸田2F奥
規　模	8席
公休日	星期日、星期三
營業時間	時段1　17時〜、17時15分〜、 時段2　20時〜、20時15分〜
客單價	1萬7000日圓
套　餐	1萬2900日圓
雞　肉	伊達雞、信玄雞

雞腿肉

將帶有厚度的部位切成大塊，抹上醬汁燒烤

肉質嫩紅且帶有脂肪，充滿嚼勁且油香多汁。為了充分品嚐伊達雞的雞腿肉美味，僅使用雞腿肉的中央部位，相當大氣。刻意將具有厚度的部位切成大塊。燒烤時，把醬汁塗抹於表面，製作成燜蒸般的形象。燻烤出濃郁炭香。一串60g。

厚切靠近大腿的部位

❶把大腿肉和小腿肉的中央部分切開。

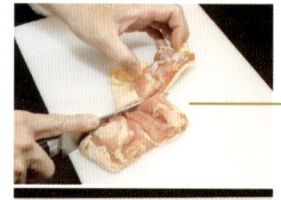

❷取最好吃的大腿肉中央，製作成「雞腿肉」（照片中央）。厚切，並切掉較薄的邊緣部分。膝蓋下方帶有筋的肉，用來製作雞肉丸。

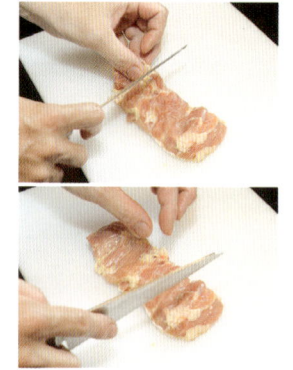

❸切開肉突起的部分，讓厚度呈現均等。

❹切成一口大小。留意大小尺寸，製作出大小差異。串刺在最上方的是中尺寸。

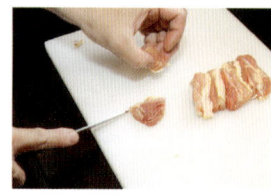

❺邊緣的肉切成小塊，當成小尺寸使用。

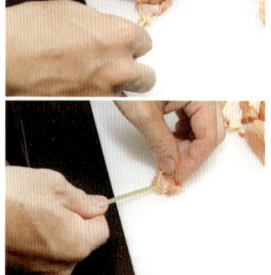

❻左起分別是大、中、小。

❼從小的肉塊開始串刺。一邊扭轉肉塊，確實串刺牢固。

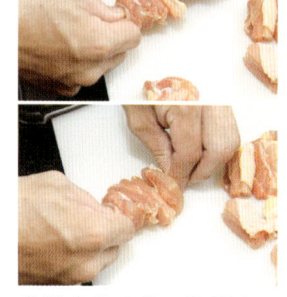

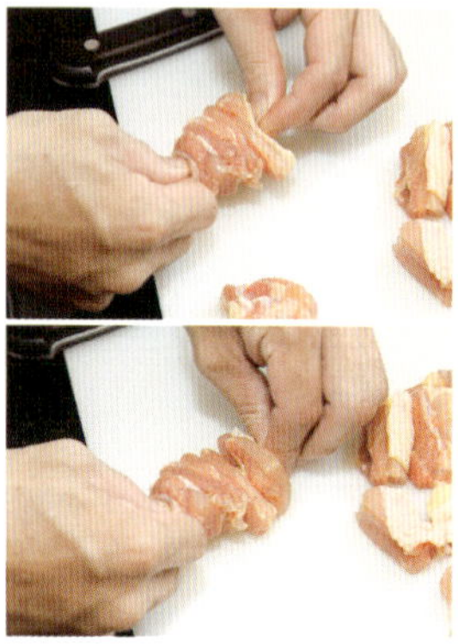

❽繼小尺寸後，依照小、大、中的順序串刺。最後是中尺寸。製作成一串60g。

❾從上下把肉捏緊，製作出厚度。

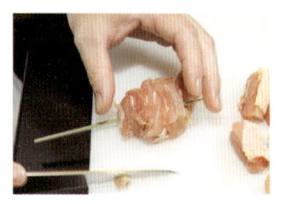

❿切掉溢出的肉，調整形狀。

⓫讓雞腿肉確實裹上炭香，避免烤焦，利用「近強火」烤出帶有嚼勁的口感，避免肉質過硬。

⓬希望快速讓表面變硬，且避免過乾，所以要勤勞地翻轉燒烤。

⓭偶爾把串籤上下翻轉，均勻加熱。

⓮烤至6分熟之後，沾上醬汁。

⓯同時也要檢查肉之間的熟度。

⓰隨時用剪刀剪掉焦黑的部分。

⓱烤至8分熟之後，沾上第2次的醬汁。

⓲全熟之後，沾上第3次的醬汁，快速炙燒後，上桌。

雞皮

運用雞頸皮的Q韌口感，表面則烤至酥脆

開發靈感來自博多的烤雞皮串。脖子皮在預先處理時，刻意保留適量的脂肪，先預烤一次，放置一晚後，剔除脂肪，隔天出餐時再完成燒烤。呈現表面酥脆，裡面則保有雞皮獨特的耐嚼口感，風味絕妙。

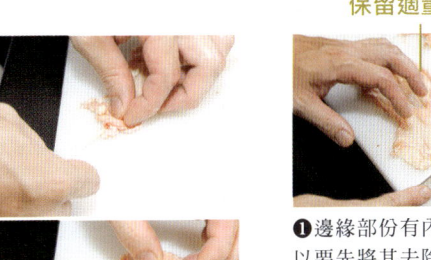

保留適量脂肪

❶邊緣部份有內臟連接，所以要先將其去除。注意避免切掉太多脂肪，進行某程度的塑形。

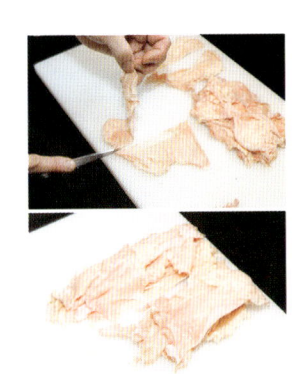

❷切成長條狀。

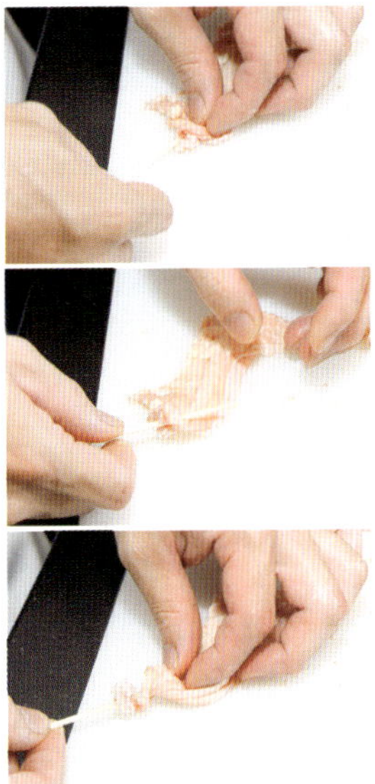

❸從長邊的邊緣部分開始串刺。從表皮部分開始，一邊纏繞在串籤上面，以串縫的方式進行串刺。

❹讓雞皮位於外側，肉的部分則在內側。

❺讓肉緊密靠攏，每串約串4～5片。

❻用手掐緊，調整形狀。

放置一晚，剔除脂肪

❼進行預烤。這個時候先將外圍烤出烤色，使形狀更牢固。在常溫下放涼後，放進冰箱冷藏一晚。之後再將脂肪剔除。

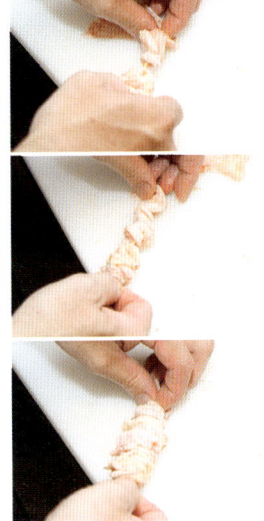

❽因為已經大致熟透，所以接下來就是把表皮烤至酥脆。用剪刀剪掉焦黑部分。

❾最後，沾上醬汁，上桌。

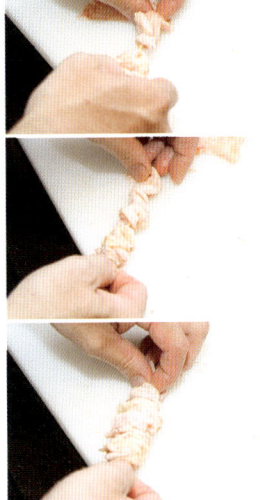

雞頸肉

使用肉厚且大塊的山梨縣產信玄雞的脖子肉。朝橫向重疊起來，再進一步擠壓串刺，製作出宛如整塊肉的狀態。把肉汁鎖在其中，燒烤出鮮美多汁的口感。用鹽巴調味，最後抹上少許的醬油，增添焦香。

把肉厚的脖子肉擠壓靠攏，烤出鮮美多汁的口感

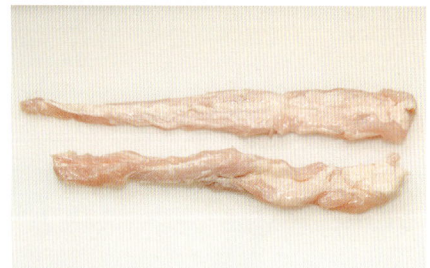

指定採購肉厚且大塊的種類。

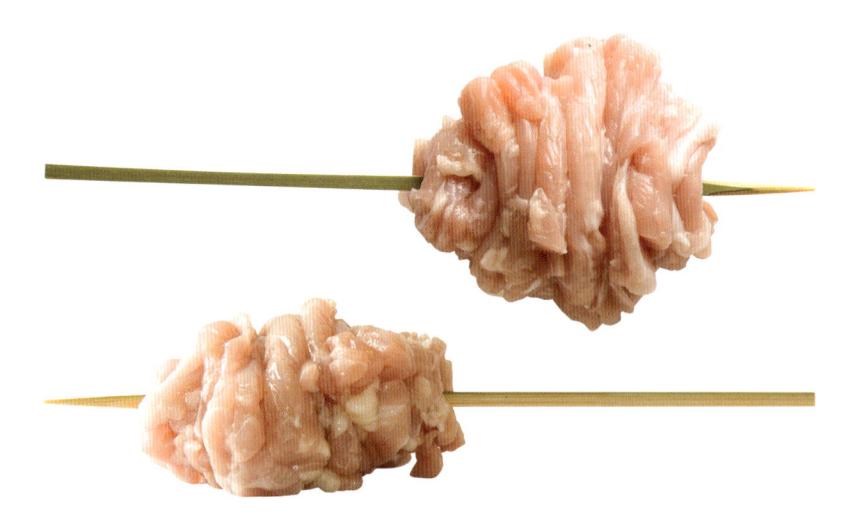

鳥佳

⓫偶爾把串籤上下翻轉，均勻加熱。

⓬表面乾燥後，抹上日本酒保濕。

⓭確實加熱，呈現膨脹，染上烤色後，抹上些許醬油。

⓮稍微烤至微焦，撒上黑胡椒，上桌。

❼在兩面撒上鹽巴。

❾留意雞頸肉的多汁性，烤出炭香，用「近強火」的方式進行燒烤。和雞腿肉一樣，為了快速讓表面變硬，且避免過乾，所以要勤勞地翻轉燒烤。用剪刀剪掉焦黑部分。

❿用團扇搧出炭煙，進行煙燻。表面覆蓋薄霧，就更不容易變乾。像是油煎那樣，利用釋出的油脂進行煎烤。

❹接著，串刺一開始切下來的肉塊，從中央部分插入。

❺一邊擠壓靠攏，製作出厚度，一邊依序串刺小、大、中。

❻切掉超出範圍的肉，調整形狀。串籤中央的尺寸最大，使厚度維持一致。

緊密推擠，製造出厚度

❶把身體端較粗的前端部分切掉。這個部分也要利用，所以要確保某程度的大小。

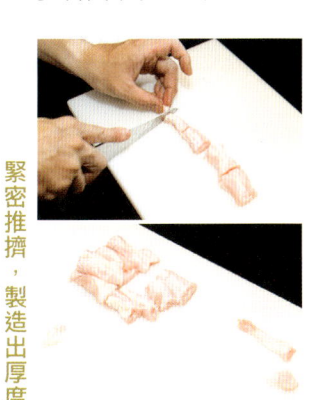

❷從較粗的身體端開始，切成一口大小。首先，切2塊最大的。之後，切2塊中尺寸、1塊小尺寸。最後剩餘的細長部分也要使用。

❸以垂直於纖維的方向進行串刺。先從細長部分開始，將其纏繞於串籤，串上2個。藉此作為固定使用。

雞胸軟骨

軟骨的口感
加上橫膈膜的
鮮美滋味

使用山梨縣產信玄雞帶有橫膈膜的雞胸軟骨。以受到肉和脂肪保護的狀態燒烤，軟骨可以感受到滿滿的膠質。硬脆的軟骨和充滿彈性的橫膈膜，可以同時享受到兩種口感的強烈對比。一串50g。

利用肉和脂肪夾住軟骨

❶使用帶有橫膈抹的雞胸軟骨。因為尺寸差異較大，所以要預先分成大、中、小。

❷依照小、大、中的順序串刺。雞胸軟骨比較硬，所以要使用比較容易串刺的圓串籤。以軟骨垂直於串籤的形式，穿過肉和脂肪的部分，插入串籤。

❸接著，插入軟骨的中心部分。剩餘的雞肉也要部分插入，推擠在一起。將超出範圍的肉切掉。

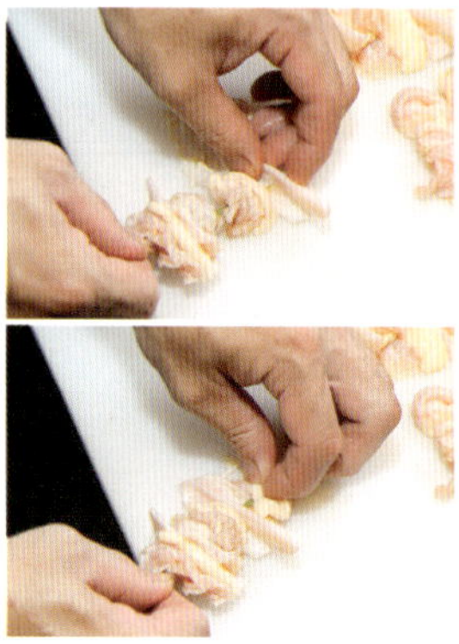

❹第2個、第3個也以相同的方式串刺。把超出範圍的肉切掉。

❺在兩面撒上鹽巴。雞胸軟骨上面有橫膈膜附著，所以就以橫膈膜作為燒烤標準。把燒烤的重點放在軟骨的硬脆口感和橫膈膜的多汁度。如果邊緣部分有出現焦黑，就要用剪刀剪掉。

❻偶爾把串籤上下翻轉，均勻加熱。

❼表面變乾之後，抹上日本酒。

❽最後抹上醬油。

❾反面也要抹醬油，稍微炙燒。

❿在兩面撒上黑胡椒，上桌。

62

鳥佳

雞屁股

鎖住油脂的鮮味，烤出酥脆外皮

使用信玄雞的大塊雞屁股。因為是脂肪多且柔軟的部位，所以要用慢火燒烤，以外皮酥脆、內部多汁為目標，讓口感恰到好處。利用從雞肉裡面冒出的油進行煎烤，讓鮮味更加濃縮。

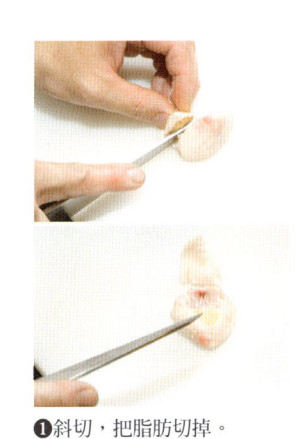

❶ 斜切，把脂肪切掉。

❷ 切開位在中央的骨頭的兩側，把骨頭切掉。肉的部分呈現敞開的形狀。

❸ 將尺寸概略分成大、中、小，按照小、大、中的順序串刺。正中央是最大的尺寸。

緊密地交錯串刺

❹ 切開的剖面朝下，讓尖端相互交錯，串籤從隆起的部位插入，摺疊串刺。

❺ 第2個也同樣從隆起的部位插入，讓彼此緊密靠攏。

❻ 一串使用3～4個。緊密推擠在一起，調整形狀。

❼ 在兩面撒上鹽巴。因為脂肪比較多，所以建議多撒一點。

❽ 因為容易烤焦，所以要利用大火當中溫度略低的場所，慢慢燒烤。偶爾把串籤上下反轉，讓受熱更均勻。用剪刀剪掉焦黑部分。

❾ 表面呈現酥脆後，僅把醬油塗抹於雞皮。稍微炙燒後，上桌。

雞肝

運用食材的味道，烤出濕潤口感

確實烤熟，口感濕潤、軟綿的雞肝。仔細清除筋和血管等雜質，切成均等厚度，串成一串。基本上沾3次醬汁，充分運用食材本身的味道。一串40g。

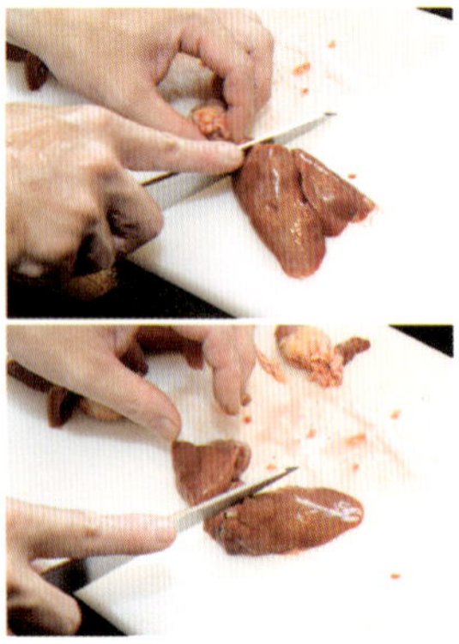

❶ 切掉雞心，在中央變窄的部分切開。小的肝葉直接整顆使用。

❷ 大的肝葉，切掉中央至邊緣之間，筋和血管較多的部位。

❸ 用手指把裡面的血管抽掉。

❹ 雞肝切成一口大小，分成小、中、大尺寸。雞心把雞心根切掉，切成對半。

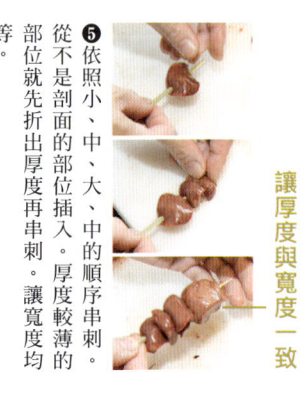

❺ 依照小、中、大、中的順序串刺。厚度較薄的部位從不是剖面的部位就先折出厚度再串刺。讓寬度均等。

讓厚度與寬度一致

❻ 切成對半的雞心從剖面端橫向串刺，作為固定之用。

❼ 一邊慢火燒烤，以濕潤、綿滑的口感為目標。烤至整體變色程度。偶爾將串籤上下反轉，均勻加熱。

❽ 內部變紅後，沾上第1次的醬汁。烤到最後，內部的紅色部分會完全消失。

❾ 因為容易烤焦，所以烤的時候要多加留心。大約8分熟後，沾上第2次的醬汁。

❿ 確實烤熟後，沾上第3次的醬汁，直接上桌。

鳥佳

雞心

保留雞心根，烤出布丁般的軟嫩口感

保留雞心根，增添鮮味、濃郁和脂肪的雞心。雞心不切，直接使用整顆，運用雞心宛如布丁般的軟嫩口感。確實烤熟的同時，讓內部保留些許水分，口感更加鮮嫩多汁，表面烤酥後，讓口感更加豐富。

❶ 把殘留在邊緣的雞肝部分、血塊及多餘的脂肪切除。雞心根則直接保留。

不切，把內部清乾淨

❷ 擠壓雞心的下方，把心臟裡面的血塊擠出，清除乾淨。

❸ 分成大、中、小。

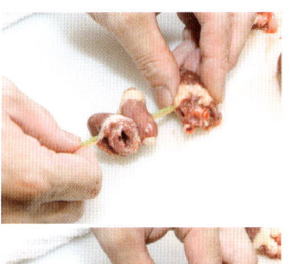

❹ 以左右交錯的方式，依照小、中、大、中的順序，從中央部位串刺，並緊密推擠在一起。

❺ 在兩面撒上鹽巴。

❻ 勤勞地翻轉燒烤。表面變乾後，抹上日本酒。烤焦的部分，用剪刀剪掉。偶爾將串籤上下反轉，使受熱更均勻。

❼ 最後，在兩面抹上芝麻油。

❽ 在兩面抹上醬油。

❾ 稍微炙燒，撒上黑胡椒，上桌。

65

雞胗

肉厚且多汁、硬脆的獨特嚼勁

採用伊達雞的大顆雞胗，盡可能保留更多的可食用部分，僅把堅硬部分切掉。運用雞胗硬脆的獨特口感，就像是在吃厚切的牛舌一般。在表面抹上酒，維持濕潤的同時，將內部確實烤熟。一串40g。

只切掉堅硬的部位

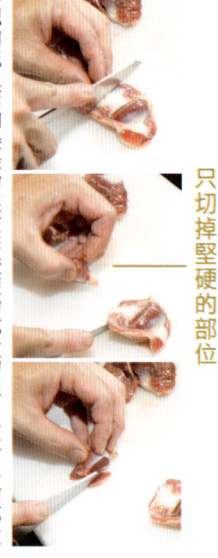

❶ 把肉塊上面和邊緣的銀皮等較硬的部位切開，再將邊緣的堅硬部分切掉。盡可能保留可食用的部分。在對半的部位。

❷ 從剩下的較大肉塊上面切下可食用的部分，留下銀皮。

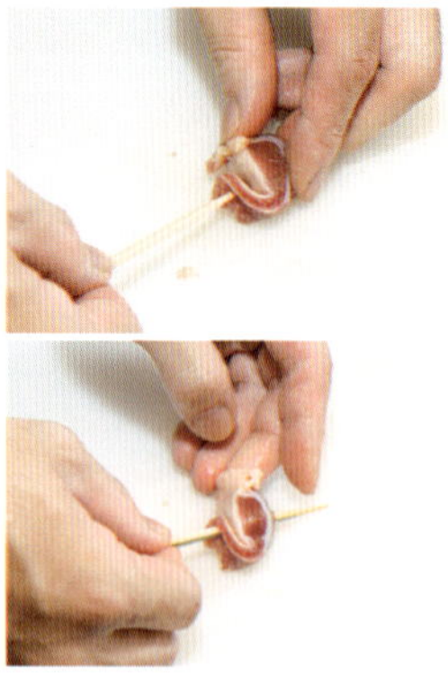

❸ 將邊緣較薄的部位對折，之後，從肉的中央串刺。

❹ 依照小、大、中的順序，每串使用3～4個，約40g。第2個之後，彎折後，串籤從中央插入，使左右對稱。

用酒維持表面的濕潤

❺ 在兩面撒上鹽巴，勤勞地翻轉燒烤。因為沒有脂肪，所以比較容易變乾，要多加注意。表面變乾後，抹上日本酒。因為切得比較大塊，所以燒烤時間會比雞心更久，要更有耐心一點。

❻ 偶爾將串籤的上下反轉，使受熱更均勻。

❼ 最後在兩面抹上芝麻油、醬油。

❽ 稍微炙燒，在兩面撒上黑胡椒，上桌。

鳥佳

雞肉丸

在雞腿肉裡面混進鴨肉和雞胸軟骨，藉此增添鮮味和口感的雞肉丸。使用較少的黏合劑，藉此製作出更加濃郁的肉味和野味。通常都是在套餐的最後上桌，因為這個時間點大多都是喝紅酒，所以便基於與紅酒的協調性而開發。

利用鴨肉和雞胸軟骨增添鮮味和口感

材料

絞肉（以雞腿肉7、鴨腿肉2、雞胸軟骨的絞肉2的比例混合）
長蔥碎末
生薑
蛋黃
鹽巴
胡椒

❶ 把所有的材料混合在一起，用手沾油，取每顆20g的份量。以接球的方式，用雙手拋接肉丸，藉此排出空氣，再搓成圓形。

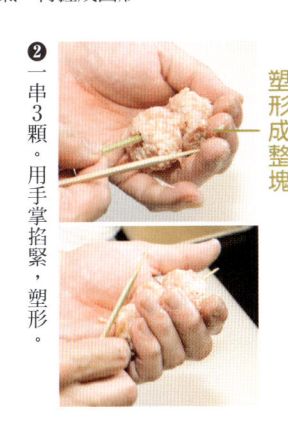

❷ 一串3顆。用手掌掐緊，塑形。（塑形成整塊）

❸ 放在鐵網上燒烤。首先，為了讓表面變硬，要先用略大的火燒烤兩面。

❹ 表面稍微變硬後，拿掉鐵網，在木炭的近處燒烤。

❺ 用剪刀把烤焦的部分剪掉。

❻ 一邊翻轉，均勻燒烤整體。

❼ 產生烤色，大約6分熟之後，沾上醬汁。

❽ 一邊翻轉燒烤，8分熟之後，沾上第2次的醬汁。

❾ 把串籤上下反轉，使受熱更加均勻。完全熟透之後，沾上第3次的醬汁，直接上桌。

67

未成熟卵和卵管的鮮味與口感令人玩味

提燈

由卵管和未成熟卵組合而成的特殊雞肉串燒。卵管慢火燒烤，一邊保護未成熟卵，一邊烤至溫熱程度。建議先吃未成熟卵，享受卵在嘴裡的彈牙口感，在鮮味殘留之後，品嚐醬汁風味的卵管。卵管和卵、醬汁的鮮味互相加乘，形成濃厚風味。

直接採用卵管和未成熟卵。未成熟卵使用較大顆的種類。

鳥佳

❿ 8分熟後，沾上第3次的醬汁。

⓫ 卵管趨近於全熟。半成熟卵則是溫熱程度。沾上第4次的醬汁後，上桌。

❼ 一開始先沾醬汁。

燒烤的時候要一邊保護未成熟卵

❽ 放在鐵網上燒烤。用較小的火候慢慢加熱。為避免未成熟卵破裂，用鋁箔紙加以隔絕，進一步減弱火侯。

❾ 偶爾翻轉，燒烤卵管部分，大約6分熟後，沾上第2次的醬汁。

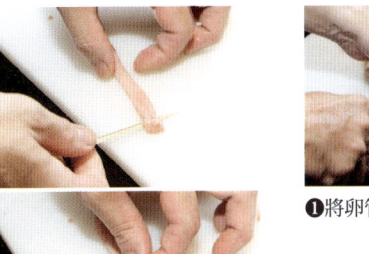

❺ 從側面插進卵管的一端，一邊纏繞串籤，以縫串的方式串刺。

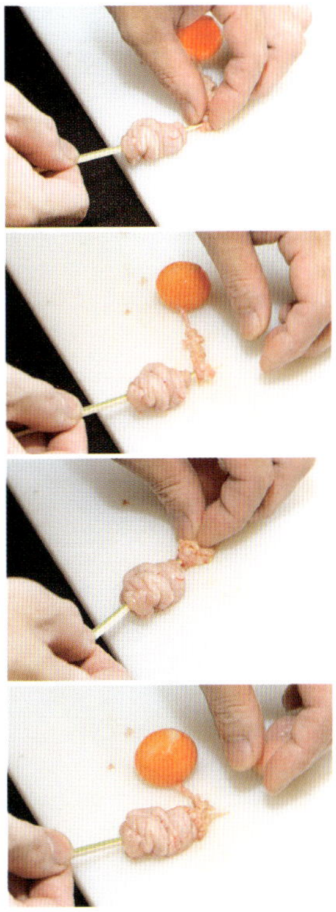

❻ 把串籤插進金柑（未成熟卵）下方的管子前端，將管子纏繞在串籤上面，最後再次把串籤插進管子的任一處固定。

❶ 將卵管上多餘的薄膜切掉。

❷ 每串約10g左右。

❸ 卵上面殘餘的卵管保留些許長度後，將剩餘部分切除。把過小的卵切掉。

❹ 處理後的狀態。

木炭的生火方法

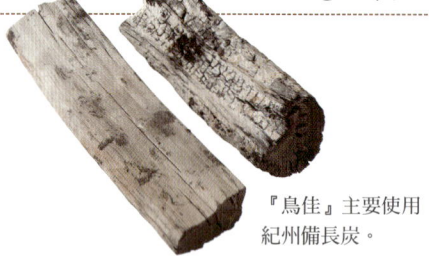

『鳥佳』主要使用紀州備長炭。

用生火用的細長備長炭進行生火，再將其緊密排放在烤台裡面。上方放置前一天使用過，未燃盡的木炭，生火。這個時候要稍微留一點空隙，以確保空氣的流通。之後，把當天主要使用的全新備長炭排在最上方。盡可能緊密排列後，將木炭敲碎，用敲碎的小塊備長炭填滿空隙。

❶ 準備生火用的細長備長炭器，放在瓦斯爐上面，點火燃燒15分鐘。把木炭放進生火

❷ 從生火器裡面取出燃燒的木炭，放置到烤台裡面。盡可能毫無縫隙地均等排列。

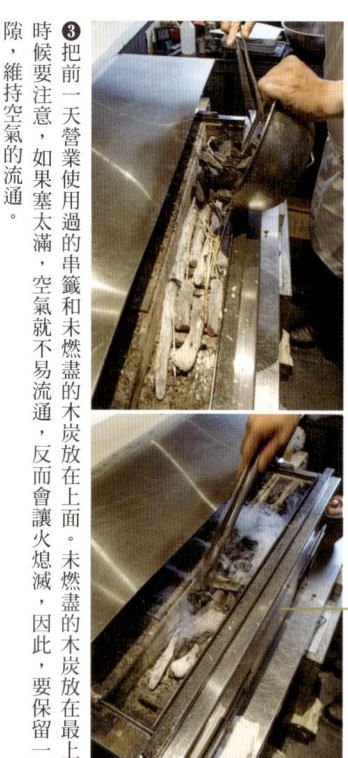

❸ 把前一天營業使用過的串籤和未燃盡的木炭放在上面。未燃盡的木炭放在最上層的時候要注意，如果塞太滿，空氣就不易流通，反而會讓火熄滅，因此，要保留一點空隙，維持空氣的流通。

注意空氣的流通

❹ 從上方搧動團扇。另外，打開下方的透氣孔，透氣孔的部分也要稍微搧動團扇，讓空氣可以流通。

❺ 燃燒得差不多後，把新的備長炭擺放在上方。用鐵鎚把木炭敲斷成容易使用的長度，鋪滿整體。因為之後還要再進一步把木炭敲碎，利用小塊的碎木炭填滿縫隙，所以這個階段不需要把木炭敲得那麼碎。

❻ 讓木炭的樹皮端位在表面。從下方搧動團扇，使火焰燃燒。靜置30分鐘。

❼ 燃燒30分鐘後的狀態。

70

〈營業期間的炭火處理方法〉

『鳥佳』的烤台是，右後方有吸氣口，下方有透氣口。營業期間，木炭會燃燒減滅，所以為了維持木炭的密度和火力，要不斷把木炭從左側移向右側，隨時替換。如果有空隙的話，雞肉串燒就容易烤焦，所以替換的時候要注意避免產生空隙。另外，希望增加木炭溫度時，就把透氣口完全打開，用團扇搧進空氣。希望降低溫度時，就把透氣口關起來，然後把木炭的空氣填滿，避免空氣進入，這就是最基本的做法。

〈炭火的熄滅方法〉

結束營業後，要把殘存在烤台的木炭熄滅。『鳥佳』的做法是，把木炭放進倒滿水的不鏽鋼盆滅火，待木炭完全熄滅後，再用濾網撈起來，讓木炭乾燥，隔天再當成未燃盡木炭加以應用。

毫無縫隙地緊密排列

❽用鐵鎚把木炭敲碎，利用整塊和碎塊的組合，盡可能填滿縫隙。由於也希望盡可能保留一些大塊的木炭，所以敲打的時候要注意整體的協調。第1層和第2層（未燃盡的木炭）的木炭都要敲碎，盡可能地填滿空隙。

❾木炭填塞（拼湊）完成的狀態。這個程序大約需要15分鐘左右。雖然也希望更仔細地處理，不過，如果花費的時間太久，木炭可能就燒光了，所以要盡量快速處理。

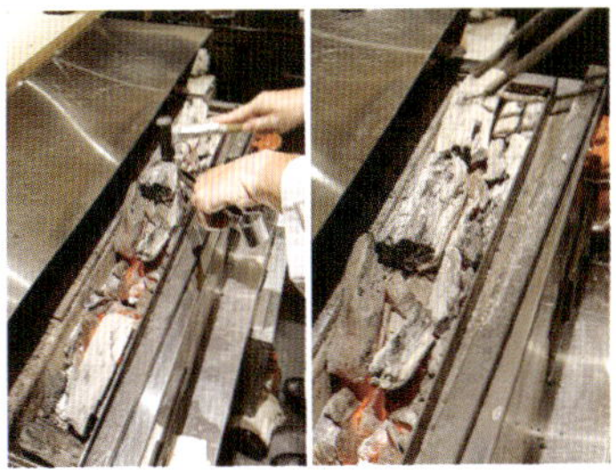

❿這是把最上層的木炭敲碎後的狀態。在鋪滿細碎木炭的上面放置較大的備長炭。這時的備長炭也要適度敲碎。

⓫把較粗的木炭放在火侯較強的後側，前側則是放置細小的木炭。

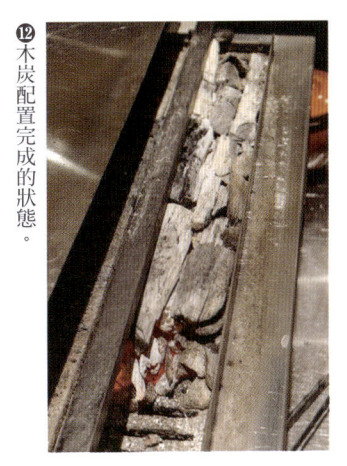

⓬木炭配置完成的狀態。

⓭木炭會在營業過程中慢慢燃燒減少，所以要往右側填塞。基本上，下方的透氣孔是打開的。

⓮開始燒烤之前，在鐵桿抹上雞油。這是為了保護鐵桿，同時髒汙也比較不容易沾黏。

⓯營業期間，當木炭減少的時候，就把木炭往右推，再用鐵槌敲碎，鋪平。

以謙虛的態度持續學習，
提供舒適的用餐空間

店長 **飯田 忍**

以自然葡萄酒為主，提供杯裝紅白葡萄酒各5種，瓶裝酒超過100種。

　飯田忍在擁有義式、創意日式料理等經驗後，轉職到雞肉串燒店。自從被「簡單卻深奧」的雞肉串燒吸引之後，13年來都在追求獨創的雞肉串燒。近年來，有幸到目黑區的雞肉串燒名店『鳥しき』學習，從靠近木炭燒烤，名為「近強火」的技法開始，吸收該店的精髓和邏輯。持續更新雞肉串燒相關的技術及理念。

　雞肉串燒也十分靈活多變，向其他店家或業種學習，創造出專屬於自己的獨特風味。在博多品嚐研究多家餐廳，並為了開發出獨創的「雞皮」，時刻提高警覺，就為了隨時吸收他人的優點。

　2023年3月重新開幕。為了讓自己能夠一眼環顧全店，而將座位縮小至8席，菜單也只採用套餐形式。另外，更以雞肉串燒搭配紅酒的主題，推出適合搭配紅酒的雞肉串燒。「舒適享受美食的空間」便是飯田的堅持。一邊在賓客面前製作雞肉串燒，一邊和賓客輕鬆閒聊，營造出輕鬆的享樂空間。

調味料

運用豐富的調味料，
突顯食材的風味

烤台後方備有雞油、酒、生醬油、芝麻油、橄欖油、水。用來增添香氣、鮮味，以及保護表面等用途使用。

備有基本的醬汁和「雞皮」專用醬汁2種。

材料
醬油、味醂、中雙糖

製作方法
將所有材料混在一起加熱，讓中雙糖融化後，靜置。

　基本的醬汁味道清淡，卻仍有雞肉串燒的醬汁感。為了讓醬汁帶有某程度的濃度，同時又不會太過厚重，而刻意製作出清爽的口感。為了讓雞皮的鮮味和味道更加鮮明，「雞皮」使用甜味濃郁的專用醬汁。鹽巴使用味道溫和，不死鹹，帶有甜味的粉紅鹽，磨細後使用。此外，還會視情況使用雞油或醬油等多種調味料，桌上也會準備「葡萄山椒」和蘿蔔泥等調味料。

雞肉料理

套餐中讓雞肉串燒更顯美味的數道料理

以雞肉串燒為核心的套餐料理當中有5道單品料理。為了讓賓客享受雞肉串燒，提供用來解膩的蔬菜串、醃漬物和雞骨湯拉麵，收尾料理則是燉飯，上面還放了一顆名古屋交趾雞的雞蛋。

拉麵

在雞肉串燒套餐的後半，提供帶有解膩含意的少量拉麵。運用雞骨和雞肉串燒備料時所剩餘的邊角料熬煮出濃醇的雞白湯，製作出令人印象深刻的魅力味道。

材料

雞白湯、鹽醬、麵（中華麵的細麵）、蔥花、白芝麻、柚子皮

製作方法

在雞骨裡面加上雞屁股或雞腿肉的邊角料、蔬菜，熬煮3小時，製作成雞白湯。再連同用鹽巴、醋、味醂、砂糖、薄鹽醬油等製作而成的鹽醬，一起放進容器裡面，加入煮好的中華麵。撒上蔥花、白芝麻、柚子泥。

鳥佳

中華創作 燒鳥 鈴音

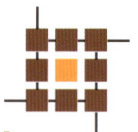

用中式醬料改良。
中式料理與雞肉串燒的結合

中華料理的資深廚師，以中華料理與雞肉串燒的結合為目標，於2018年開業。萃取中華料理的精髓，開發出全新的雞肉串燒。最大的特色是，桌上準備的獨家醬汁（醬）。3種種類不同中華風味醬，是根據該店的雞肉串燒所開發。賓客可以直接品嚐原味的雞肉串燒，也可以搭配個人喜愛的醬汁，體驗全新的美味。另外，雞肉串燒用的醬汁是以修業店的醬汁為基礎，再添加些許中華料理的香辛料、五香粉等，改良成中華風格，藉此提高與醬汁之間的契合性。

雞肉以大山雞為主，雞胸肉採用比內地雞等，依自家店所需要的味道，再按照各部位採購使用。雞肉串燒的單品是全時段菜單，共計12種。除此之外，還準備了限量的「雞心根」和「胃壁」等稀少部位。還有由雞肉串燒和中華料理組合而成的套餐，套餐的點餐約占8～9成。

ShopData

地 址	東京都港区六本木7-15-25-2A
負責人	出田貴幸
規 模	15坪・20席
公休日	星期日
營業時間	17時30分～23時
客單價	1萬～1萬5000日圓
一 串	370日圓～530日圓
雞 肉	比內地雞、大山雞

中華創作燒鳥 鈴音

雞腿肉 420日圓

在大腿肉和小腿肉之間夾上鮮嫩的櫛瓜

第一口是雞腿肉當中最美味的部位，將雞大腿的厚肉部分帶皮切成大塊，用雞皮包覆串刺。肉質軟嫩，外皮酥脆。中間夾上解膩的櫛瓜，下方是仔細斷筋的小腿肉。

⓬櫛瓜容易烤焦，所以要抹上芝麻油。

⓭用中火從雞皮開始烤，最後用大火燒烤。一邊改變角度，讓整體均勻受熱。

❾最上方串刺最大塊的雞大腿肉。從雞皮端插入，穿過雞肉，再從反方向的雞皮刺出。

❿以雞肉中央的略下方為串刺目標，讓雞皮在燒烤的時候呈現緊繃狀態。

⓫鹽燒的做法是在兩面淋上昆布酒，撒上鹽巴。

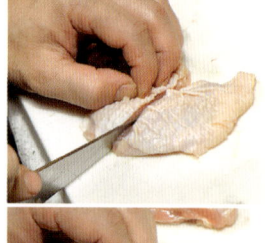

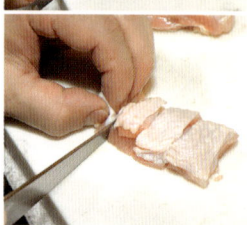

❻切成棒狀，再進一步切成一口大小。

❼串刺的狀態。下面2塊是小腿肉，因為筋比較多，所以切成小塊。由上至下分別是，雞大腿肉、櫛瓜、雞大腿肉。配合雞大腿肉的大小，將寬度切齊。

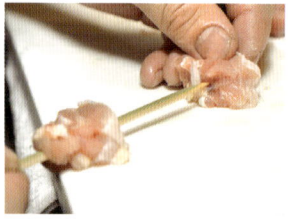

❽雞皮朝上，依順序串刺。為了烤出軟嫩口感，雞皮和雞肉之間要以捏緊的形狀串刺。

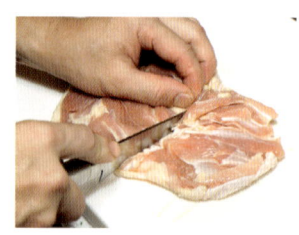

❶把大腿肉和小腿肉切開。

❷將大腿肉的硬筋和邊緣的雞皮切掉，切下「牡蠣肉」。

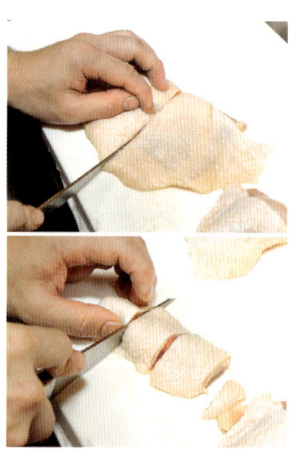

❸切成對半後，切成棒狀，一邊留意大小，切成一口大小。

❹切除小腿肉的硬筋。

小腿肉切斷筋

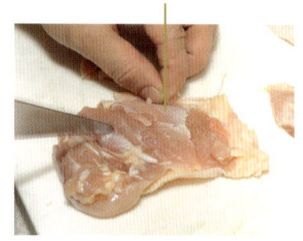

❺用菜刀前端切斷筋。

76

皮包肉

490日圓

用雞皮把清淡的雞胸肉包覆起來串刺,享受軟嫩雞肉和酥脆口感。為了增強印象,刻意採用厚切與大塊。去除雞肉上多餘的脂肪和筋,雞皮切掉較硬的部分,讓口感變得更好。在雞胸肉之間夾上長蔥,以雞蔥串的形式提供。

中華創作 燒鳥 鈴音

雞肉的軟嫩和雞皮的酥脆口感。中間夾上長蔥解膩。

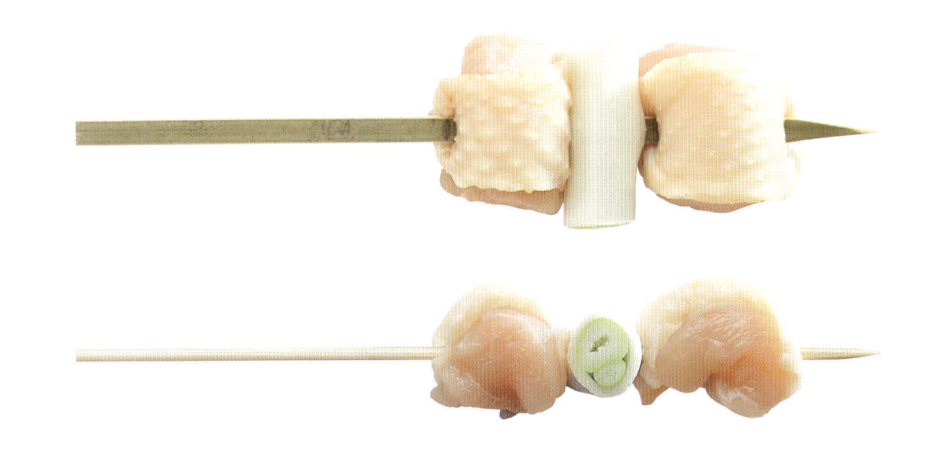

⓫長蔥抹上芝麻油。

⓬在兩面撒上鹽巴。

⓭烤太久的話,肉質會變得乾柴,所以要用大火快速燒烤。

⓮用手抓住串籤,燒烤未熟的部位。

⓯抹上少許的芝麻油,稍微炙燒後,上桌。

讓雞皮覆蓋在表面

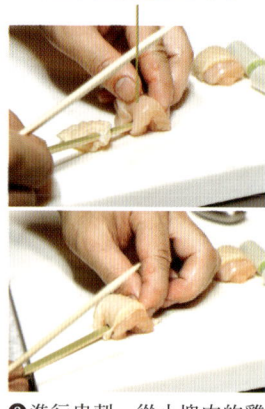

❽進行串刺。從小塊肉的雞皮外側串刺,穿過雞肉,再從反方向的雞皮內側串刺到外面。

❾長蔥以橫向串刺。

❿大塊的肉也以相同的方式串刺雞皮和雞肉。讓寬度和厚度一致,就能預防加熱不均。

❺去除內部的筋,切掉邊緣,再塑形成一口大小。小塊的肉串在下方(照片左下),大塊的肉串在上方。另外,靠近「振袖」的部位比較柔軟,所以要切成大塊,串在上方,讓賓客可以第一口就吃到。

❻雞皮切掉邊緣較硬的部分。脂肪量較厚的部分,要把多餘的脂肪削掉。

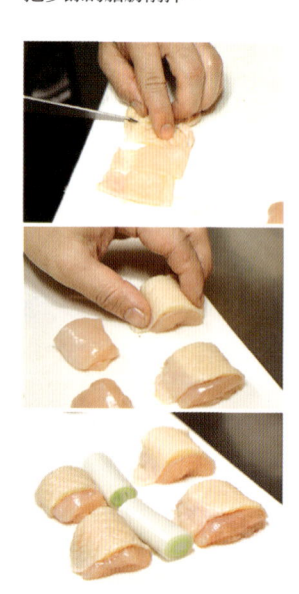

❼雞皮配合肉的大小裁切,放在雞肉的上面。在雞肉之間夾上長蔥。

❶切掉「振袖」的部分。把筋較多的部位和多餘的部位切除。

❷剝掉雞皮。脂肪較多的部分切掉適量。切掉的部分全都可以用來煮湯。

❸照片左起是「雞皮」、「雞胸肉」、「振袖」。

❹把雞胸肉邊緣的筋切掉。

❺切掉邊緣,切成短籤狀。

78

中華創作燒鳥 鈴音

振袖 390日圓

「振袖」這個稀少部位，除了有清爽、柔嫩的雞胸肉特性之外，還有恰到好處的油香多汁風味。以雞皮包覆雞肉的形式串刺，把帶有油香的肉汁鎖在其間，同時將外皮烤至酥脆程度。最後，抹上醬汁，增添風味。一串60g。

「振袖」是雞胸肉連接雞翅腿的部分。因為一隻雞只能取得少量，所以就另外採購。

用雞皮包覆串刺

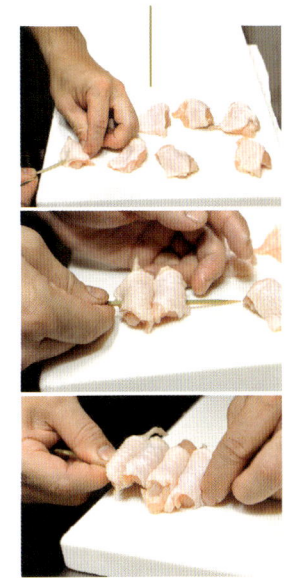

多汁且脂肪量恰到好處，被稱為雞肩肉的稀少部位

❶在橫長的位置，從雞皮的外側，以雞皮包覆雞肉的形式串刺，讓雞皮呈現緊繃。大塊肉在上方，小塊肉則在下方。

❷用手抹平表面，將兩端切齊。

❸用較遠的大火燒烤。感覺就像是利用肉本身的油脂進行煎烤似的。肉汁如果流失太多，雞肉就會失去鮮味，這一點要多加注意。

❹沾上醬汁後，炙燒。因為醬汁不容易附著，所以這個動作要重複2～3次。

雞翅

470日圓

**去骨後塑形，
更容易食用的多汁雞中翅**

把雞小翅前端比較堅硬的部分切掉，用雞皮包覆雞肉，外酥脆，內多汁。為了讓裡面更容易受熱，用金屬串籤串刺。將中間的2根骨頭拆掉，用筷子就能大快朵頤，也非常受女性顧客喜愛。鹽巴使用略粗的燒鹽，稍微多撒一點。

中華創作燒鳥 鈴音

❽把昆布酒和鹽巴撒在兩面。雞皮面要多撒一點鹽巴。

❾用較遠的大火,從雞皮面開始燒烤。一邊翻轉串籤,一邊把串籤上下反轉,烤出漂亮的烤色。

❿讓雞皮染上烤色,呈現酥脆口感。整體都染上烤色後,在雞皮抹一點芝麻油,鎖住肉汁。

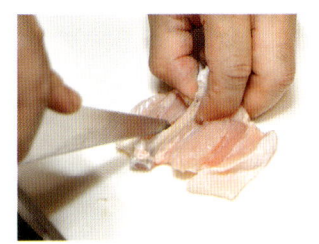

❹粗的骨頭埋在肉裡面,所以要把周邊的肉削下,將上下的筋切除,去掉骨頭。

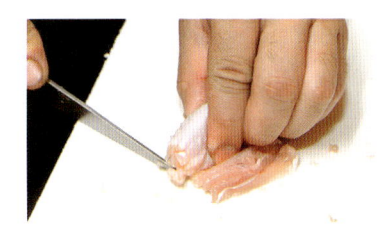

❺前端還有堅硬的部位殘留,也要一併切除。

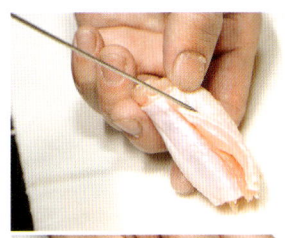

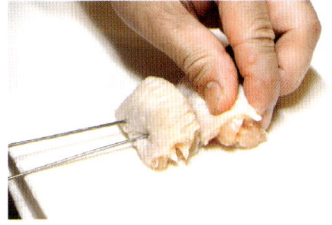

❻用雞皮把雞肉包覆起來,插入串籤。盡量讓雞皮位在上方,連續串刺2個。

❼讓串籤呈現扇形,使雞皮呈現緊繃,插上2支串籤。中間部分的雞皮也要確實燒烤,所以肉和肉之間要稍微留點間隔。

❶從關節部分切開雞小翅。雞小翅留下煮湯用。

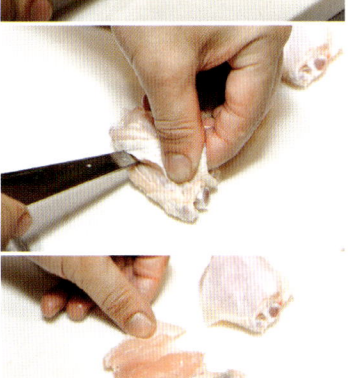

❷用左手抓住雞中翅向外凸出的皮,菜刀的前端從雞皮的根部插入,沿著骨頭,把雞肉切開。

拆掉2支骨頭

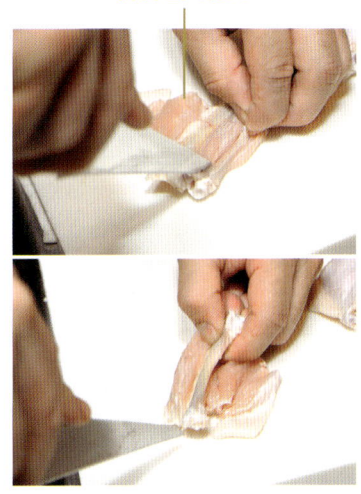

❸切除細的骨頭。將上下的筋切除,去掉骨頭。

81

雞頸肉

370日圓

帶有硬脆的絕佳彈性，同時兼具油脂、鮮味的雞頸肉。因為肉比較薄，所以要重疊上多片，再將其推擠成串，製作出厚度，烤出多汁口感。一串55g。

硬脆的彈牙口感。重疊多片，鎖住肉汁

推擠，製作出厚度

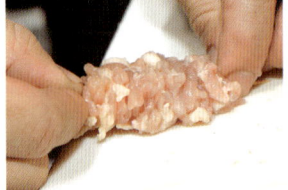

❸ 尺寸由小至大。把肉推擠在一起，製作出厚度，將兩端切齊。

❹ 用手按壓抹平表面。形狀稍微呈現扇形，厚度也是越往上越厚。

❺ 在兩面撒上昆布酒和鹽巴。一邊翻轉串籤，一邊把串籤上下反轉，用大火燒烤。

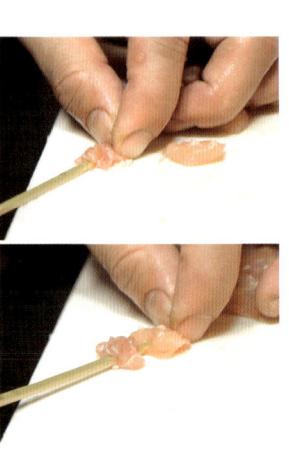

❷ 用方串籤，以串縫的方式插進肉的纖維裡面。從剛開始切下的邊緣部分、細小尺寸開始串刺。

❶ 從照片的左上起，越接近頭部的部分越細小。切掉邊緣，之後，切成差不多的寬度。接近頭部的細小尺寸，稍微切短一點。

❻ 用剪刀把烤焦的部分剪掉。

❼ 抹上些許芝麻油，稍微炙燒後，上桌。

82

雞肝

450日圓

中華創作燒鳥 鈴音

使用沒有腥味的大山雞的雞肝。以形狀肉厚的部分為主，切成大塊。為了發揮出雞肝的黏膩口感，要盡可能在短時間內燒烤完成。醬汁最多分5次，再撒上中華料理常用的五香粉，讓香氣更濃郁。

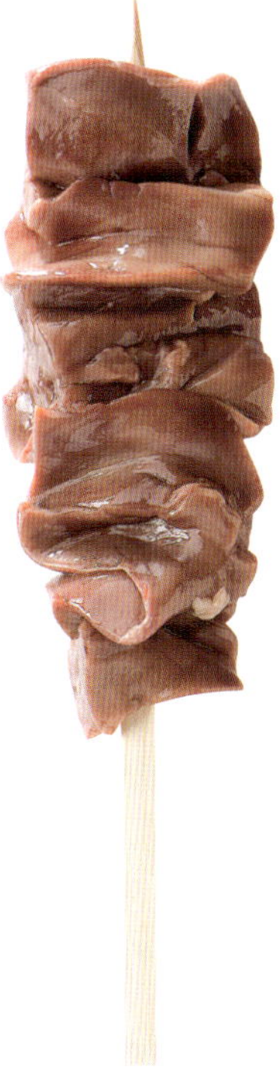

用五香粉讓沒有腥味、軟綿、黏膩的雞肝香氣更盛

❶ 在肝葉的分界處，分切肝葉。

❷ 把大肝葉上面的筋切掉，再把前端部分切掉。

❸ 這是將1顆雞肝切成3塊的狀態。後面2塊是大肝葉，前面是小肝葉。

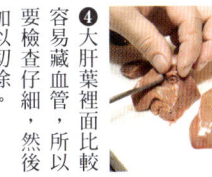

❹ 大肝葉裡面比較容易藏血管，所以要檢查仔細，然後加以切除。

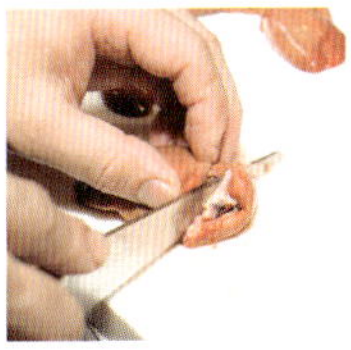

❺ 如果有筋的話，也要一併切除。

❻ 切削比較厚的部分，調整形狀和厚度。

把薄的部位折疊起來，讓厚度一致

❼ 從小塊且薄的部分開始串刺。如果太薄的話，有時就要進一步折疊。雞肝沒辦法重新串刺，所以要一次做到好。讓厚度一致，並讓重心穩定。

❽ 利用比中火略大的火侯，快速燒烤，不要花費太多時間。

❾ 一邊頻繁地翻轉，表面稍微變硬、變色後，沾上醬汁。

❿ 再次燒烤，表面變乾後，沾上這個動作重複5~6次。最後，撒上五香粉，上桌。

前端部分不切，直接使用整顆，
豐潤彈牙且多汁

雞心

390日圓

把雞心的根部切掉，直接提供整顆圓滾滾的「雞心」。不切成對半，直接串刺，為避免肉質變得乾柴，適當加熱至中央即可。讓人感受到豐潤的彈性與多汁口感。鹽燒，一串42g。

『傾斜』串刺，避免容易轉動

❺ 在兩面撒上昆布酒和鹽巴。沒有皮，比較容易烤焦，所以一開始先用中火，最後再用大火。

❻ 改變角度，讓整體均勻受熱。

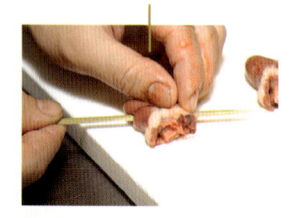

❹「整顆雞心」讓尖端部分向左對齊，切面向右對齊，以傾斜的狀態串刺。因為燒烤的時候，雞心容易轉動，傾斜串刺就比較不容易轉動。

❷ 把「雞心根」切掉。

❸「整顆雞心」和「雞心根」。

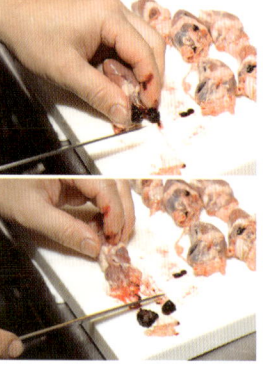

❶ 撕掉薄皮，用手緊掐，把雞心裡面的血等雜質擠出。用菜刀把血刮掉。

中華創作 燒鳥 鈴音

雞心根

530日圓

把連接雞心的血管部分收集起來的稀少部位。具有酥脆的口感，以及類似於雞肝的內臟風味。血管的前端部分容易烤焦，所以要多加注意，避免烤太久。一串35g。

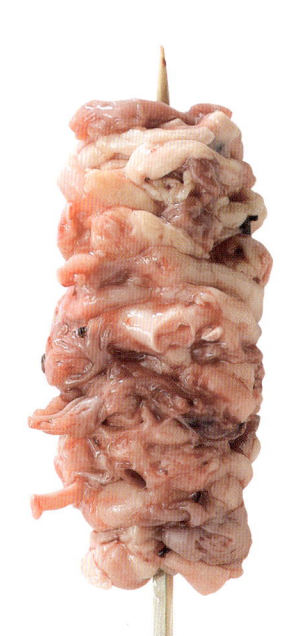

享受硬脆口感的一串

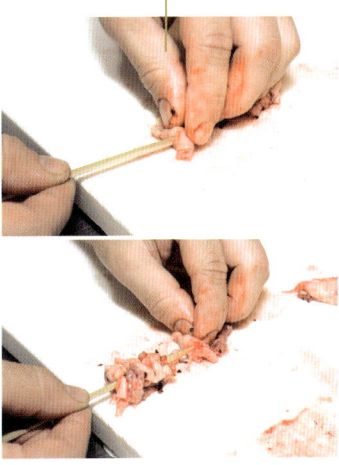

❸一邊翻轉串籤，用大火燒烤。

插進血管中央

❶「雞心根」從血管的中央串刺。從小條的部分開始串刺。

❷將雞心根推擠在一起，製作出厚度。一串大約使用12～15條。

❺稍微炙燒，再次沾上醬汁，稍微炙燒後，上桌。

❹縫隙部分也要檢查，只要內部沒有呈現粉紅色，就可以沾上醬汁。

雞胗

370日圓

切掉邊緣部分，讓中央的硬脆口感更加鮮明。為了讓肉和肉之間更容易受熱，以容易收縮的縱長方向串刺。燒烤期間，肉會收縮，肉之間的空間會變寬，整體就能更容易受熱。

切掉邊緣，充分享受硬脆口感

❺肉的部分和銀皮。銀皮有時候也會採用燉煮，製成佃煮風味。

切掉堅硬部分，使口感更好

❽在兩面撒上昆布酒和鹽巴。平坦面朝下，用中火燒烤。

❿單面染上烤色後，抹上芝麻油，把周圍烤酥脆。

⓫最後用手確認熟度。

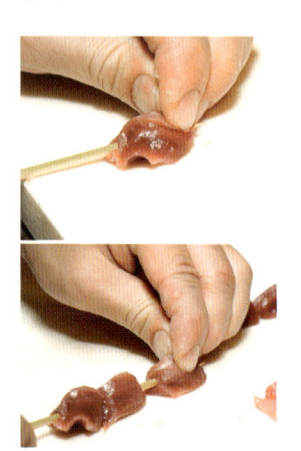

❻從小塊的肉開始縱向串刺。將肉推擠靠攏在一起，調整形狀。

❼用手撫平，使厚度一致。

❸仔細切掉邊緣堅硬的部分。

❹另半邊的銀皮也要削掉。

❶切掉邊緣。切掉的部分留下來製作「胃壁」。

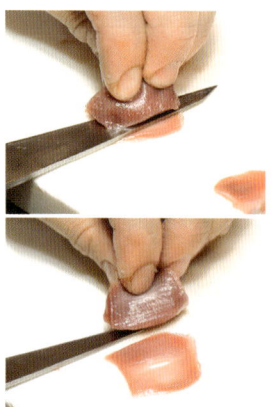

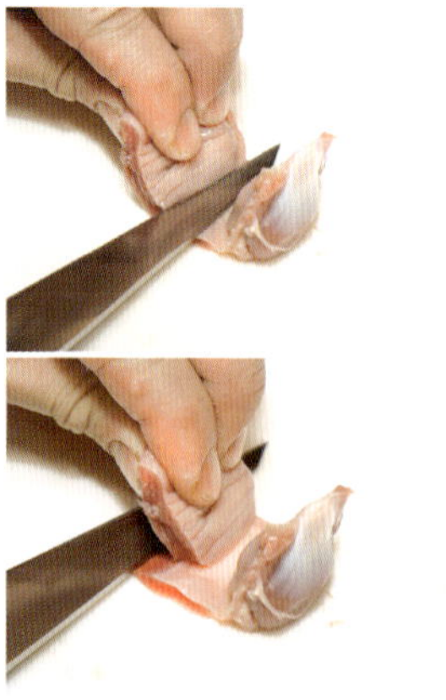

❷削掉半邊的銀皮。

86

中華創作燒鳥 鈴音

胃壁

530日圓

雞胗般的味道與牛舌般的彈牙口感

把雞胗切下來的邊緣部分收集起來的稀少部位。帶有彈性的同時，質地比雞胗中央部分稍軟，帶有脂肪，口感宛如牛舌。為避免影響到口感，要注意避免烤太久，用中火把表面烤至酥脆程度。一串35g。

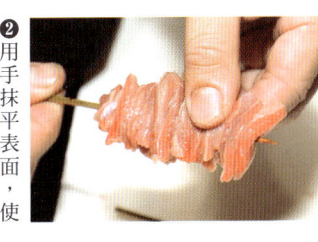

層狀重疊，製作出厚度

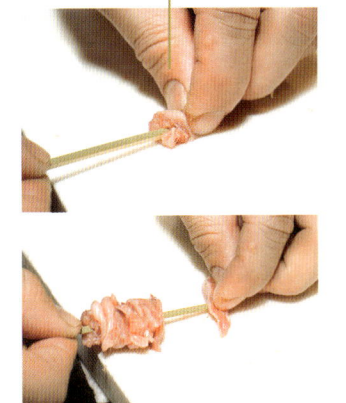

❶「胃壁」從堅硬部位（內側）串刺。從小塊開始，依序串刺至大塊。烤出牛舌般的口感。

❷ 用手抹平表面，使厚度一致。

❸ 在兩面撒上昆布酒和鹽巴。用中火持續燒烤。加熱至中央，避免烤太久。

雞屁股

370日圓

富含大量脂肪，鮮味強烈，非常受歡迎的部位。讓雞皮呈現緊繃，朝相同方向串刺，讓視覺更顯華麗。中火確實烤出烤色，製作出內部軟Q，外部酥脆的口感。一串30g。

❹切成對半的狀態。依大小排列。一串使用5～6個。

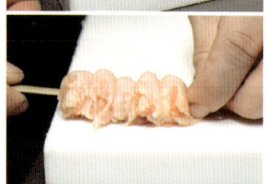

❺從小塊開始串刺。尖端部分呈橫向，全部都朝相同方向，打橫串刺。切齊邊緣。

❻在兩面撒上昆布酒和鹽巴。用較遠的中火烤出多汁口感。連肉和肉之間也要確實烤出烤色。

❶用拔毛器把毛拔乾淨。

❷菜刀斜切，切掉尾脂腺部分。尾脂腺可用來製作雞油或煮湯。

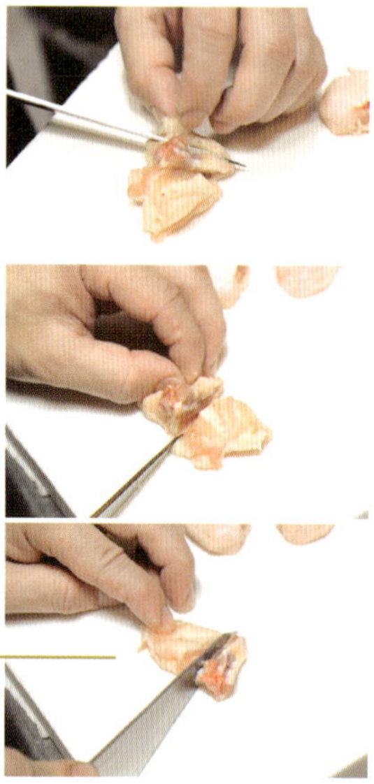

❸切開，找出尾骨，將其切除。

確實切掉尾骨

運用豐潤的油脂鮮味和彈Q口感

中華創作燒鳥 鈴音

軟骨 370日圓

因硬脆口感而擄獲許多粉絲的膝軟骨。因為富含脂肪，所以可以利用滲出的油脂，以煎烤的感覺確實烤香，讓表面更為酥脆、芳香。一串就能享受到2種口感。

大山雞富含脂肪的膝軟骨。因為是稀少部位，所以按各別部位採購。一串使用3隻雞的份量。

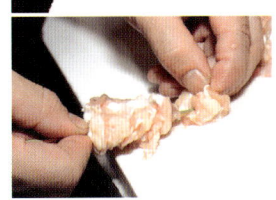

❶從小塊開始，從正中央串刺。一串使用6個。

❷如照片左那樣，讓帶有脂肪的那一面朝相同方向。為了讓表面的油脂滴落，以煎烤般的感覺燒烤。

讓脂肪面朝相同方向

❸在中火的位置，一邊翻轉串籤，慢火燒烤。利用內部滲出的油脂煎烤。整體約烤20分鐘。

❹最後沾上醬汁。

❺稍微炙燒，產生光澤後，上桌。

裡面彈牙、表面酥脆，讓人上癮的2種口感

雞肉丸

450日圓

肉丸淋上甜醋的中華風味串燒

在雞腿肉和軟骨的絞肉裡面，添加山藥和長蔥、紫蘇，讓口感和風味更加豐富的雞肉丸。因為之後還要淋上甜醋，所以雞肉丸的調味要稍加控制。外層酥脆，裡面多汁，最後再淋上黑醋製成的甜醋。一串50g。

材料

雞腿肉（粗絞）	500g
軟骨絞肉	100g
長蔥末	1支
紫蘇	30片
山藥泥	40g
鹽巴	
黑胡椒（粗磨）	
醬油	
太白粉	各適量

塑形成細長狀

❶將材料混合，揉捏直到產生黏性。

❷取每顆50g的份量，搓圓。

❸為了增添鮮味，在手上塗抹浸漬昆布的日本酒，將雞肉丸捏塑成細長狀，插入串籤。

❹讓雞肉丸的後方尺寸大一些，前方尺寸則小一點。

❺重新塑形成細長狀。

❻用中火慢慢燒烤。

❼溫熱雞肉丸用的黑甜醋。

❽一邊翻轉串籤，全面慢火燒烤。用手觸摸，確認熟度。

❾抹上甜醋，裝飾上紅胡椒，上桌。

中華創作燒鳥 鈴音

風味濃醇，使人上癮的鵪鶉皮蛋

❷ 在整體抹上芝麻油，撒上鹽巴。

烤至溫熱的程度

❸ 用中火烤至內部溫熱的程度。裝飾上甜醋漬的生薑，上桌。

鵪鶉皮蛋　390日圓

使用鵪鶉皮蛋製作的串燒。味道濃醇，非常適合當成下酒菜。表面抹上芝麻油，在增添香氣的同時，也有助於燒烤時的熱傳導率。加熱至內部稍微溫熱的程度，搭配甜醋漬的生薑，成為味覺的亮點。

❶ 皮蛋呈縱向，從中央部位插進2支串籤。這是為了提高穩定性。每串3顆，以上方稍微向外擴的方式串刺。

選擇雞肉串燒，並融合中華技術，作為表現個人本質的全新手段

店長 **出田貴幸**

「鈴音」的店長出田貴幸，在中華料理店累積20年以上的經驗，並在2012年舉辦的「第7屆中國料理世界大賽」獲得金賞。之後，選擇雞肉串燒作為自己的全新挑戰，並在東京惠比壽的烤雞店「喜鈴」修業1年半。2018年開設「鈴音」。結合自己多年來培養的中華料理技術和靈感，並利用中華料理的調味料，製作出獨家的雞肉串燒。

尤其是運用中華料理技術所開發的3種醬汁，更是該店的最大特色。雞肉串燒本身就算不沾醬，還是非常美味，不過，顧客也可以透過個人喜愛的醬汁，享受更多、更豐富的美味。出田表示，「採用中華料理的技術，從備料到燒烤，全部都是從零開始，就連醬汁也是自己在店裡手作。這是別人模仿不來的」。為了搭配醬汁的口味，雞肉主要選擇多汁且沒有腥味的大山雞。店內採開放式廚房，櫃台座席能夠清楚看見廚房內部。與顧客直接交流，謙虛傾聽顧客對味道的感想與需求，山田的雞肉串燒今後也將持續進化。

桌上調味料

利用3種正統的中式醬汁，享受自由的『美味變化』

桌上備有辣椒的辣味鮮明的「香辣醬」、帶有山椒清涼感的「椒麻醬」、鎖住蝦米和魚貝等鮮味，且帶有甜味的濃醇「沙茶醬」3種醬汁。雞肉串燒上桌的時候，會以口頭方式告知建議搭配的醬汁。

醬汁裡面添加了五香粉、蒜頭、生薑和肉桂等材料，稍微改良成中式風味。

雞肉串燒進行燒烤時所使用的，把昆布放進日本酒裡面浸漬，添加天然的鮮味。

照片左起是，建議搭配醬燒雞肉串燒的「沙茶醬」、建議搭配內臟類的「椒麻醬」，以及建議搭配鹽燒雞肉串燒的「香辣醬」。

中華創作 燒鳥 鈴音

雞肉料理

以套餐或單品料理形式，推出中式的雞肉料理

運用長年培養的中華料理經驗，將正統的中式雞肉料理放進菜單裡面，藉此做出差異化。從「松露雞肉燒賣」等需要花費較多時間製作的創意料理，到利用雞肝的邊角料所製作而成的香煎雞肝等，料理性極高的單品料理十分豐富多元。

口水雞　1080日圓

以非常受歡迎的中華四川料理作為前菜。將軟嫩且大塊的大山雞的雞腿肉，蒸煮至濕潤軟嫩，再搭配上花椒香氣濃郁的醬汁。這款醬汁非常受人喜愛，被當成**特產**招待給顧客，他們都很高興。

材料
- 雞腿肉
- 小黃瓜
- 長蔥
- 醬汁（四川花椒、甜麵醬、苦椒醬、豆瓣醬、蠔油、韓國產一味唐辛子、炸蓮藕、炸牛蒡）

製作方法
用保鮮膜把雞腿肉包起來，塑形成圓筒狀，蒸煮。放涼之後，切片，隨附上醬汁、配料。

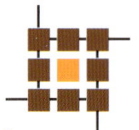

YAKITORI & Wine Shinori

法國主廚製作，與葡萄酒完美契合的雞肉串燒

以雞肉串燒和紅酒的搭配組合為概念，由法國出生的店長和身為侍酒師的妻子，在2010年開設的『YAKITORI & Wine Shinori』。考量到雞肉串燒與紅酒之間的協調性，利用酒醋提味並增添酸味，同時再讓享受濃醇紅酒的顧客，充分享受備長炭的強烈薰香等，因而大受好評。

為了製作出「人人都愛，百吃不膩的味道」，採購70～80天的伊達雞全雞，在店內進行分解，製成雞肉串燒。份量較少的稀少部位，以伊達雞為主，按各部位進行採購。另外，也會積極採用野味，有時店長還會親自外出獵捕，然後把親自宰殺的鴨子分解，再以炭火燒烤的形式提供。

料理現在以主廚喊停制的套餐為主。基本上有雞肉串燒6種，以及運用雞肉備料時的邊角料所做的肉醬等料理6種，當然，顧客也可以額外加點。

ShopData

地　址	東京都品川区小山3-25-14 2F
負責人	山中良則
規　模	10坪‧18席
公休日	星期二、假日的星期一
營業時間	18時～23時
客單價	1萬日圓

套　餐	6000日圓起
一　串	300～500日圓
雞　肉	伊達雞、大和肉雞、比內地雞、大山雞、水鄉赤雞

YAKITORI&Wine
Shinori

雞腿肉

400日圓

將雞腿肉當中，2個味道和口感各不相同的部位製成一串

把雞腿肉當中，味道與口感不同的大腿肉和小腿肉製成1串。分別以雞皮包覆的形式進行串刺，中間再夾上青蔥。為了讓蔥在嘴裡產生入口即化的口感，所以要先經過冷凍，破壞掉纖維後再使用。一串52g。

❶修剪，並去除骨頭和血等部分。取下「牡蠣肉」和「腿內肉」。將大腿肉和小腿肉切開。

❷雞皮朝上，將大腿肉切成對半。

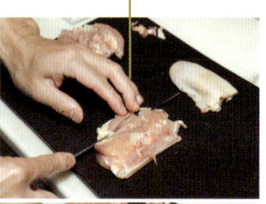

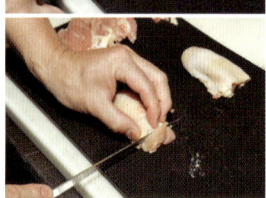

以盡量取大塊為原則

❸大腿肉的部分。將邊緣等部分切掉，塑形，盡量厚切、切成大塊。小腿肉也以相同的方式塑形。

❹拱成圓弧形，像是用雞皮把肉包覆起來似的，連同雞皮一起切成大塊（一塊約22ｇ左右）。

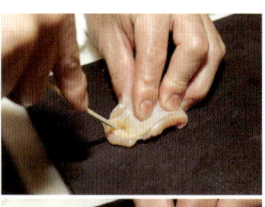

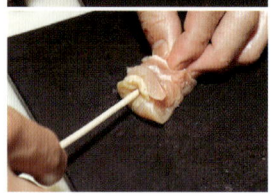

❺每串2塊肉。下面使用小腿肉，上面使用大腿肉。從雞皮上方串刺，穿過肉的部分，再從另一端的雞皮穿出。雞皮的部分比較難穿刺，所以要從傾斜角度插入，像是用縫的那樣，穿過肉的部分。為避免肉的部分四散，要以整塊的感覺串刺。

❻長蔥切成與雞肉相同的寬度，然後進行冷凍。為了讓青蔥在烤過之後，可以呈現入口即化的口感，先以冷凍的方式破壞纖維。使用前先進行半解凍，再進行串刺。

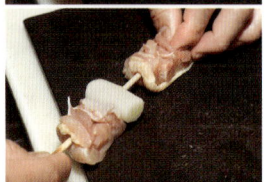

❼插上大腿肉。

❽在兩面撒上鹽巴。基本上不管是哪種雞肉串燒都一樣，為了做出第一口較鹹，之後慢慢變淡的味覺感受，最下方的鹽巴要撒少一點。

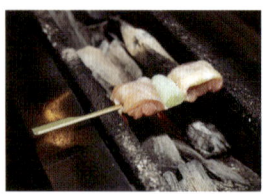

❾從肉的部分開始燒烤。先燒烤切割面，讓肉的表面變硬，藉此避免肉汁滴落。

❿慢慢等待表面變硬，翻轉。

⓫雞皮烤至酥脆後，再次翻轉。之後就不要讓雞皮朝下，以慢慢挪動位置的感覺確實加熱。如果讓雞皮朝下，肉汁就會滴落，就會影響雞皮酥脆的口感。

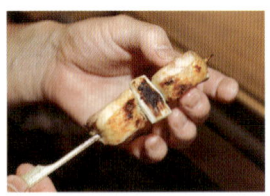

⓬大約8分熟的狀態。用手觸摸，確認熟度。

⓭抹上酒醋（採訪時使用的是雪莉醋），上桌。

雞肩胸肉

480日圓

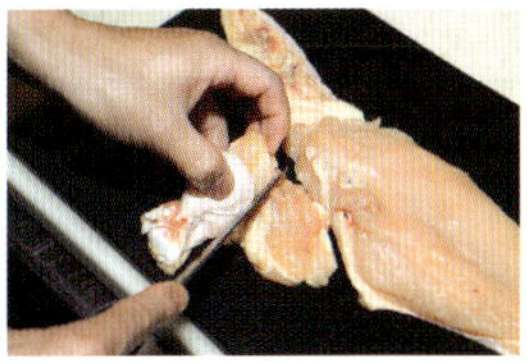

與雞翅腿相連的雞胸肉的一部分，特色是清淡鮮味和豐富膠質

雞胸肉的一部份，位於手臂根部的稀少部位「胸肩胸肉」。因為是經常活動的部分，所以儘管是雞胸肉，卻相當多汁且膠質豐富。因為1隻只能取得極少份量，所以搭配肉質類似的雞翅腿，串刺成一串。運用清淡的肉質鮮味，鎖住肉汁。一串40g。

❽ 在兩面撒上鹽巴。

烤硬表面，所住肉汁

❾ 因為是膠質豐富且容易乾柴的部位，所以要先用大火把表面烤硬。染上烤色後，再移動到火侯較弱的場所。

❿ 在9分熟的時候，抹上酒醋。當顧客搭配酸味較明顯的紅酒時，就直接上桌。如果是鮮味較強烈的紅酒，就稍微炙燒後，上桌。

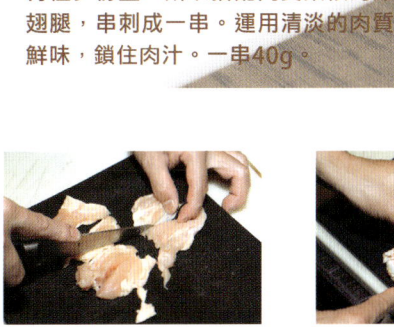

❹ 將雞翅腿的肉切成對半。切下肉較薄的部分。

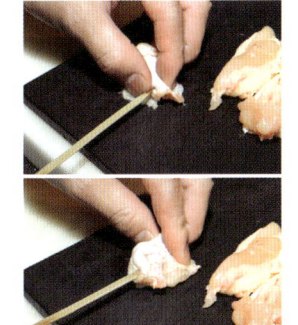

❻ 雞肩胸肉準備大和中兩種尺寸。首先，讓大塊肉纏繞在串籤上面。讓雞皮位在表面。

❼ 接著，串刺中尺寸的肉塊。

❺ 將雞翅腿的小塊肉串刺在最下方。讓雞皮位在外側，以M字形的方式縫刺。

❶ 從帶骨的雞胸肉上面切下，連接著雞胸肉的「雞翅腿」和「雞肩胸肉」。雞肩胸肉位於手臂根部，多汁且富含膠質。

❷ 將雞肩胸肉切成對半。

❸ 雞翅腿沿著骨頭切入，將骨頭去除。

雞柳酸豆橄欖

容易乾柴的雞柳，用極小的火侯慢慢燒烤。因為優先上桌的情況較多，所以考量到與氣泡酒或白酒之間的契合性，搭配以橄欖為基底的酸豆橄欖醬。雞柳除了從全雞身上取下的部分之外，還會額外以部位形式採購使用。一串40g。

400日圓

慢火燒烤
清淡的雞柳，
酸豆橄欖醬
更適合紅酒

用極小火慢慢燒烤

❺ 在兩面撒上鹽巴。

❽ 烤至9分熟就完成了。

❻ 在火侯較小的場所慢慢燒烤。慢火烤出濕潤口感。

❼ 表面變白後，翻面燒烤另一面。因為希望烤出柔和的色澤，所以盡量避免碰觸。

❾ 最後鋪上酸豆橄欖醬（以黑橄欖為主，把鯷魚、酸黃瓜、酸豆、橄欖油放進攪拌機攪拌）

❸ 從小塊到大塊，以扇形的方式串刺。從肉的正中央插入。讓剖面位於兩端。

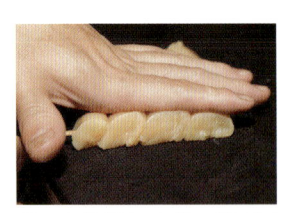

❹ 一串使用4～5塊。用手壓平，使厚度均等。

❶ 除筋。為避免肉裂開，用菜刀的前端，沿著筋切入，將筋剔除。

❷ 切掉邊緣部分，切成一口大小。

98

雞頸肉

330日圓

脂肪豐富，口感恰到好處的雞頸肉，採用醬燒，品嚐油脂的濃郁與多汁風味。撒上早期收成的柑橘味青山椒，增添酸味，藉此提高與紅酒之間的契合度。一串42g。

油脂濃郁與多汁風味，享受絕佳口感

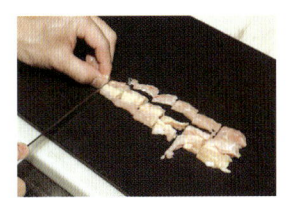

烤的時候要避免薄的肉變乾柴

❸ 用中火仔細燒烤，烤的時候要盡量避免挪動。烤至7分熟後，沾上醬汁。

❹ 用中火稍微炙燒，表面變乾後，沾上醬汁。採用醬燒時，重複這些動作，共計沾3次醬汁。

❺ 最後，只在下方撒上山椒，上桌。

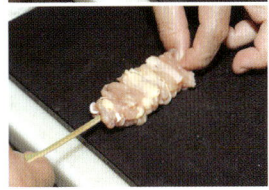

❷ 由小至大，串刺的時候要使高度一致。一邊折疊串刺，一邊推擠靠攏。

細端作為頭的部分，粗端作為身體部分。另外，1隻雞可以取2條雞頸肉。前面是頸後側的雞頸肉，脂肪豐富，後面是頸前側的雞頸肉，較細且短。

❶ 將2條切成相同寬度。邊緣最小塊的肉也要使用。

雞翅

450日圓

確實融出油脂，
品嚐肉質與膠質的美味

使用從全雞身上取下的雞中翅。肉看起來很大，但卻很薄，所以鹽巴的用量要稍加控制。希望讓顧客充分享受到肉和豐富的膠質，要用較小的中火，確實讓油脂融出。為了讓女性更容易食用，有時也會先去骨再上桌。一串90g。

❶從關節處切開雞小翅和雞中翅。使用雞中翅。雞小翅用來煮湯，或是把皮削下來，和頸皮一起，製作成「雞皮」串。

❷沿著骨頭切入，把肉切開。

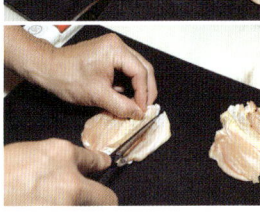

❸位於骨頭根部上下的筋也要切斷。

❹因為還有毛，所以要用拔毛器拔除。

❺為了使厚度均等而剖開的狀態。

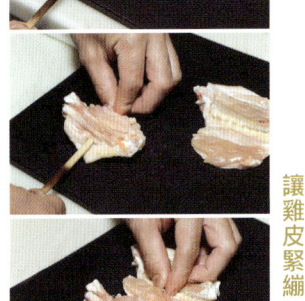

❻使用較粗的方串籤，依照小、大的順序串刺。把串籤插進骨頭的正下方，避免刺破雞皮，以串縫的方式串刺。這樣一來，燒烤的時候，肉就不會轉動。希望烤出酥脆雞皮，所以雞皮要呈現緊繃。

讓雞皮緊繃，烤出酥脆口感

❼在兩面撒上鹽巴。因為肉比較薄，所以鹽巴的用量要稍加控制，以免味道太鹹。

❽用較小的中火，從肉的部分開始烤，將菜刀切割的剖面烤硬。

❾把中途多次浮出表面的油脂擦掉。

❿染上烤色後，另一面也要烤。用略小的火慢慢燒烤。擦掉冒出的油脂。

⓫最後，把紅酒醋抹在內側。

⓬擦掉油脂的同時，也會抹掉鹽巴，所以要再撒上一點鹽巴，上桌。

雞肝 350日圓

加熱至核心，烤出雞肝特有的濕潤、綿密口感

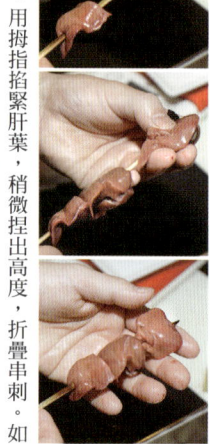

濕潤、綿密，同時還能感受到血味的雞肝。因為是非常容易熟透的部位，所以要使厚度一致，以內部溫熱的半熟狀態為目標，以接近熟透的火侯，烤出濕潤口感。一串35g。

用小火頻繁翻轉燒烤

❶ 把雞肝和雞心切開。

❷ 在肝葉的交界切開雞肝。

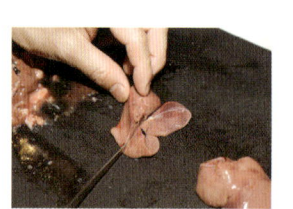

❸ 小的肝葉切成對半。大肝葉切掉血管後，再分切成相同大小。

❹ 第1個從較薄的肝葉開始串刺。用拇指掐緊肝葉，稍微捏出高度，折疊串刺。薄的肝葉要從傾斜方向插入，折疊靠攏，讓高度一致。如此一來，肝葉就不會在串籤上面轉動。較厚的肝葉就直接從中央插入。

❺ 放在極小火侯的位置，避免表面變得乾柴。因為容易受熱，所以開始燒烤之後，要頻繁地翻轉。

❻ 用手確認，大約6〜7分熟之後，沾上醬汁。

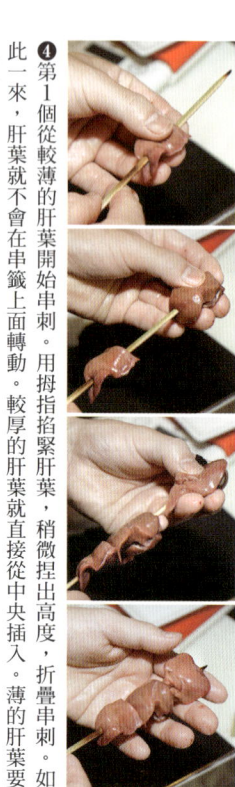

❼ 8分熟之後，沾上第2次醬汁。

❽ 9分熟之後，沾上第3次醬汁。

❾ 最後，只在下方撒上山椒，上桌。

102

雞心

350日圓

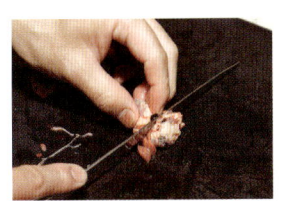

❶ 切掉血管部分。把少量的脂肪留在心臟端。

❷ 撕掉包覆心臟的薄皮。

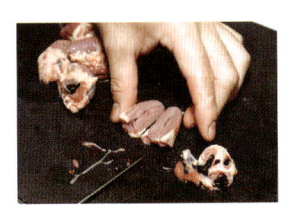

❸ 雞心縱切成對半。去除裡面的血等雜質。

❹ 用50℃的熱水清洗心臟，去除血塊，確實擦乾水分。

❺ 把帶皮的番茄放進攪拌器裡面攪拌，加入重量3%的鹽巴，在常溫下發酵。將雞心放進裡面，浸漬6小時以上。浸漬完成的雞心（照片下方）。

放進發酵的番茄裡面浸漬

❻ 由小至大，橫向且讓尖端左右交錯，從中央插入。一串使用5～6個。一邊注意平衡，仔細串刺。

❼ 剖面朝上，用大火從外側燒烤。因為有浸漬過，所以容易烤焦。慢火燒烤。

❽ 呈現美味的烤色後，後半進一步用極小火慢火燒烤。

整顆番茄用攪拌器攪碎，將雞心放進裡面浸漬，利用酵素的力量，製作出軟嫩口感。加上番茄的酸味和鮮味，同時也能提高與紅酒之間的契合度。慢火燒烤，製作出布丁般的軟嫩口感。

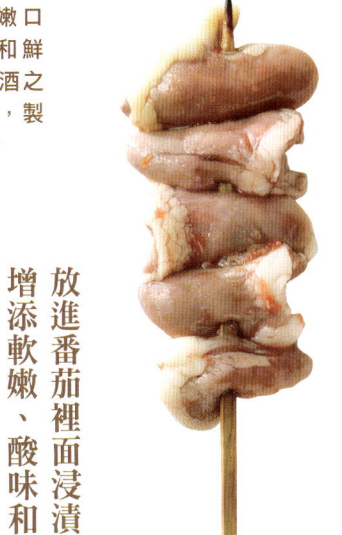

放進番茄裡面浸漬，增添軟嫩、酸味和鮮味

雞胗

350日圓

最低限度地去除銀皮和堅硬部分，取厚肉成形。為了運用酥脆口感，用小火慢烤，避免肉質變硬，製作出多汁口感。內臟類的食材帶有苦味，所以撒上清爽風味的台灣馬告山胡椒。

肉厚酥脆且多汁的口感，加上清爽風味的香辛料

用小火燒烤，避免肉質過硬

❶ 將雞胗切成對半。

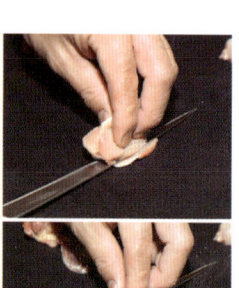

❷ 薄削掉銀皮和堅硬部位。盡可能保留更厚的肉。銀皮留下製作成肉醬。

❸ 切掉上下的堅硬部位。

❹ 成形的雞胗。

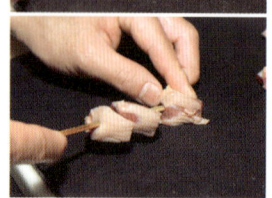

❺ 分成小、中、大，從小塊開始傾斜串刺。讓切掉的部位朝向內側。剛開始從雞皮的那一端插入，第2個之後，從剖面部分插入。

❻ 在兩面撒上鹽巴，以較小的火慢火燒烤。

❼ 外側的2面燒烤後，燒烤銀皮面。由於銀皮面容易變硬，所以要放在極小火的位置燒烤。

❽ 最後，用手觸摸，確認熟度。像是利用預熱進行加熱那樣，在達到8～9分熟之後，抹上酒醋，稍微炙燒。

❾ 撒上台灣的馬告山胡椒，上桌。

雞膝軟骨 300日圓

利用從食材中滲出的油脂仔細煎烤,享受軟骨的口感。因為是脂肪豐富的部位,所以最後要抹上酒醋,增添酸味。

利用滲出的油脂煎烤

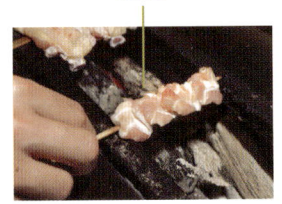

❹ 在兩面撒上鹽巴,用較小的中火,從脂肪面開始燒烤。

❺ 產生烤色後,翻轉,燒烤相反面。

❻ 產生烤色後,抹上蒜頭醬油,稍微炙燒。最後,抹上酒醋,上桌。

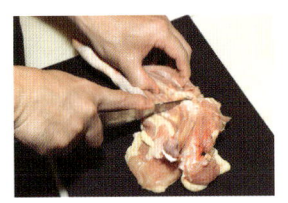

❶ 從膝蓋的關節處,把腳切下。讓膝蓋軟骨連接著膝蓋下方的骨頭。

❷ 切掉膝蓋下方的骨頭,在稍微連接著肉的狀態下,切下軟骨。

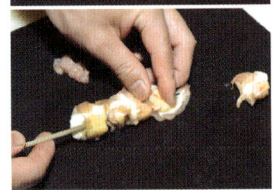

❸ 骨頭的部分比較硬,所以串籤要從膠質部分(黃色部位)的正中央插入。一串使用3~4個。

內部確實燒烤,讓軟骨的口感更鮮明

雞肉丸

480日圓

相同比例的雞胸肉和雞腿肉、鴨肉，再加上雞胸軟骨，增添口感。運用在香腸店學到的知識，肉先進行冷凍，然後在半解凍狀態下混拌，讓食材緊密相連，製作出宛如香腸般的彈牙口感。

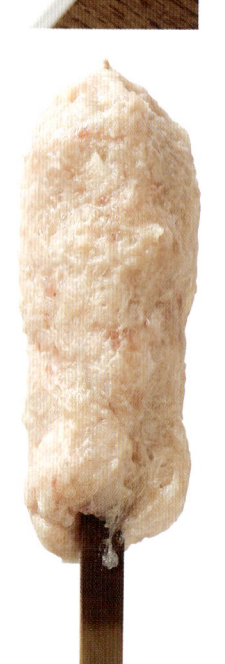

確實揉捏半解凍的肉，製作出彈牙的口感

材料

雞胸肉	200g
雞腿肉（雞蔥串等使用的剩餘邊角料部分）及雞柳等的邊角料、正肉類的剩餘邊角料	200g
鴨絞肉（粗絞）	200g
雞胸軟骨	100g
洋蔥末	適量
洋蔥泥（泡水，把水瀝乾後，磨成泥）	50g
薯蕷	50g

肉半解凍使用

❶ 洋蔥、薯蕷、半解凍狀態的鴨絞肉。肉類先冷凍。5℃以下更容易讓材料黏在一起，所以要半解凍使用。

❷ 雞肉、雞胸軟骨用攪拌機絞成較細碎的絞肉。

❸ 持續攪拌至材料確實連接的狀態。

❹ 排出空氣，分成1個60g，排放在調理盤內。調理盤用冰水冷卻。

❺ 插進串籤，用手緊握，塑形，讓食材確實附著在串籤上面。

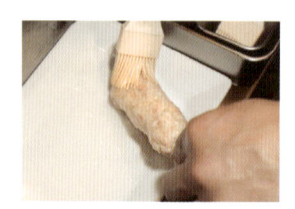

❻ 在整體撒上鹽巴。將芝麻油塗抹在全體，避免肉變乾。

❼ 用大火把表面烤硬。

❽ 內部是生的狀態。轉移到火較小的位置，再進一步燒烤。

❾ 大約8～9分熟之後，抹上酒醋，再進一步炙燒，上桌。

烤乳鴿

把充滿野味的料理加進套餐裡面

2200日圓

除了雞肉之外，套餐的後半還會加入一道，向獵人採購的鹿肉，或是店長自行狩獵宰殺的鴨肉等肉類。採訪時拍攝到的是，正值產季的養殖乳鴿。以隨附內臟的形式採購，在店內進行分解。套餐中使用的是胸肉、胸小肌肉、翅膀和腿。胸肉和胸小肌肉去骨後，切成更容易食用的大小。翅膀和腿則是帶骨狀態，顧客能夠十分豪邁地用手抓著吃。

分解乳鴿

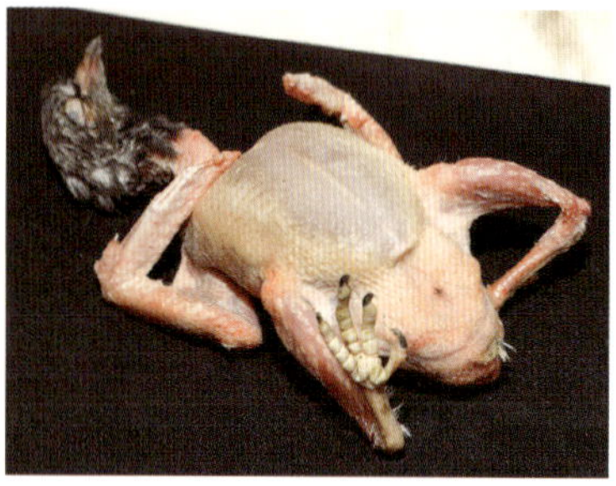

採訪時，使用養殖乳鴿，半隻2人份。

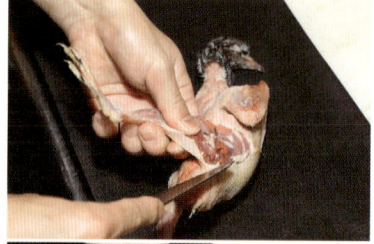

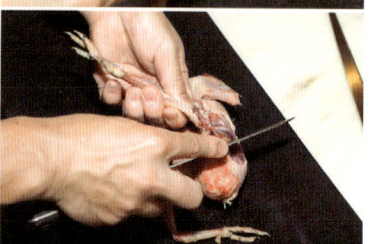

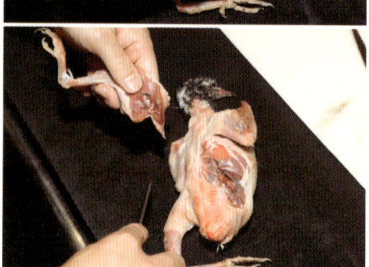

❶從腿根部把腿切下來。

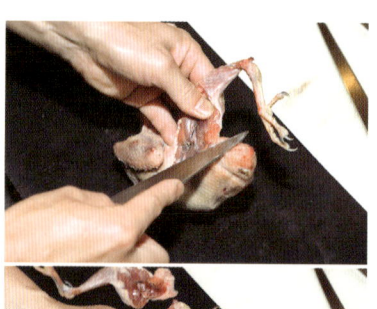

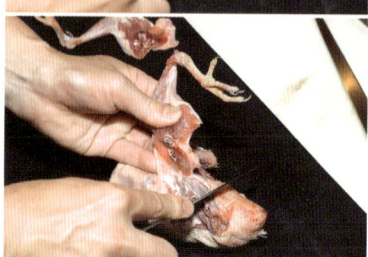

❷反方向的腿也以相同方式切下。

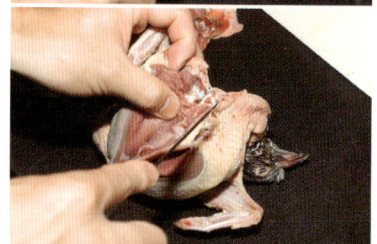

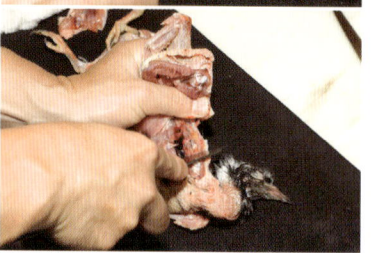

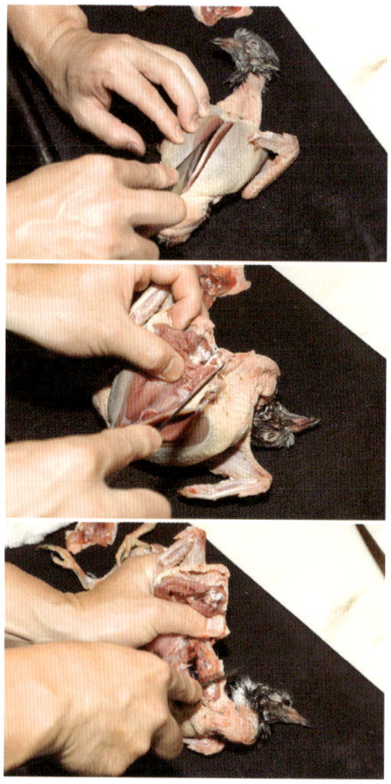

❸菜刀沿著胸骨朝左右切下，切入至胸肉。菜刀從肩根處切入，切下胸小肌肉、胸肉和翅膀。

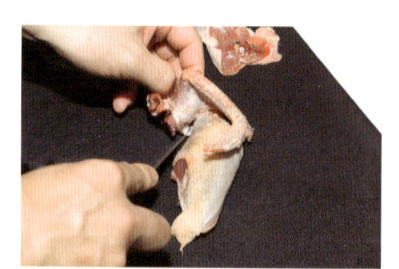

❹從肩根處把胸肉切下。

❺照片左起是翅膀、胸肉（含胸小肌肉）、腿。

❻在兩面撒上鹽巴，抹上油，避免表面乾燥。

❼放在鐵網上烤。使用極小的小火。胸小肌肉的肉質容易變得乾柴，所以要讓胸肉朝上，從皮那一面開始烤。產生烤色後，翻面，繼續用極小火燒烤。

❽翅膀和腿要烤出較深的烤色。

108

融合法式料理的元素，紅酒的烤法與調味方法

店長山中良則曾經是法國餐廳的廚師，在研究用木炭燒烤主要料理的時候，對木炭燒烤產生了興趣，於是便開始投入使用炭火的雞肉串燒料理。從一開始就考慮把法式料理和雞肉串燒結合在一起，於是便在雞肉串燒店和酒吧累積經驗後，與身為侍酒師的妻子·志乃，夫妻兩人一起開設了『YAKITORI & Wine Shinori』。

希望顧客能夠搭配紅酒一起享用雞肉串燒，而細心鑽研雞肉串燒與紅酒之間的協調性，在酒醋提味等調味方法與燒烤方法上費了一番巧思。另外，把雞心放進發酵的番茄裡面浸漬、酸豆橄欖醬的飾頂配料等獨家料理，全都是運用前職經驗所開發而成。為搭配紅酒所開發的醬汁也十分用心，由於冬天和夏天所喜歡的紅酒各不相同，所以夏天的醬汁會比較爽口，冬天則會變化成比較濃醇的調味。甚至，也會配合顧客飲用的紅酒，進行料理的局部微調，例如，如果是清淡風味的紅酒，就會刻意減少煙燻等。透過無微不至的細心觀察，創造出與紅酒完美搭配的雞肉串燒，滿足每位顧客的味蕾。

店長 山中良則

店內僅提供侍酒師妻子所挑選的自然派紅酒。備有200種類以上，顧客可依照個人喜好挑選。

木炭使用土佐的烏岡櫟備長炭。希望設置一個帶有餘熱的低溫場所，所以特別訂製了一個寬度達1200cm的烤架。

用溜醬油和熊本縣產赤酒、三河味醂、中雙糖熬煮的醬汁。帶有甜味和酸味，和紅酒的味道相當契合。

酒醋

運用多種酒醋作為提味之用

根據食材或當時顧客所喝的紅酒，在上桌之前，塗抹上提味用的酒醋。以帶有淡淡橡木香氣的雪莉醋為基礎，備有多種不同種類的酒醋，然後再根據當下希望添加的元素，挑選適合的酒醋。

酒醋從清爽的白義大利香醋，到鮮味強烈的紅義大利香醋、質樸的紅酒醋等，各種種類繁多。

鷄一途

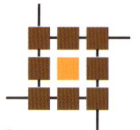

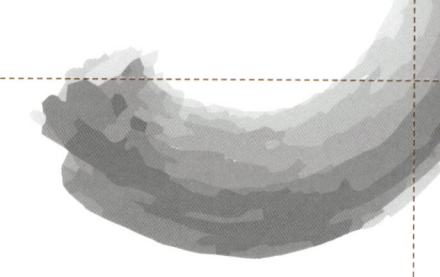

公雞和母雞。盡情享受不同美味的高超技術

關西一位難求的知名雞肉串燒店『鷄一途』。自2008年6月開幕以來，憑藉著口碑，逐漸獲得超高人氣，之後更在2012年版的米其林指南中榮獲星級評價，進而成為關西地區首屈一指的雞肉串燒店，可說是實至名歸。由夫妻共同經營，身為蔬菜品嚐師的妻子製作的蔬菜料理和飲品也大受好評。

該店以『比較公雞和母雞的味道』的嶄新風格，提供全新的雞肉串燒吃法。「雞蔥串」和「雞皮」等經典的雞肉串燒，分別使用公雞、母雞提供，讓顧客享受相同部位，雌、雄不同的味道差異。雞肉是從滋賀的養雞場直接採購，使用平均飼養120天的「淡海地雞」。各部位會依照雌、雄差異，透過鹽巴用量的調整與燒烤方法等細膩的技術，發揮出食材的天然風味。這裡除了「雌」、「雄」兼具的3種商品化技術之外，也將介紹「食道」、「胃袋」等雞肉串燒當中的稀有部位。

ShopData

地　址	兵庫県神戸市東灘区住吉本町1-3-13-2F
負責人	中川譽雄
規　模	15席
公休日	星期四，每月公休一天
營業時間	12時～14時（星期一、三、六） 17時～23時
客單價	午餐3300日圓、晚餐8000日圓
一　串	352～495日圓
雞　肉	淡海地雞、阿波尾雞

鶏一途

雞蔥串 公（左）、母（右）

經典的雞肉串燒，享受雌雄不同的雞腿肉差異。母雞保留皮下脂肪，剝下雞皮，讓顧客能夠享受到油脂的鮮美。相較於軟嫩且油香四溢的母雞肉，公雞帶有適度的嚼勁，以及濃醇的肉質。前端插上大塊的肉，提高第一口的衝擊感與滿足感。同樣都是一串約40g。

母雞

公雞

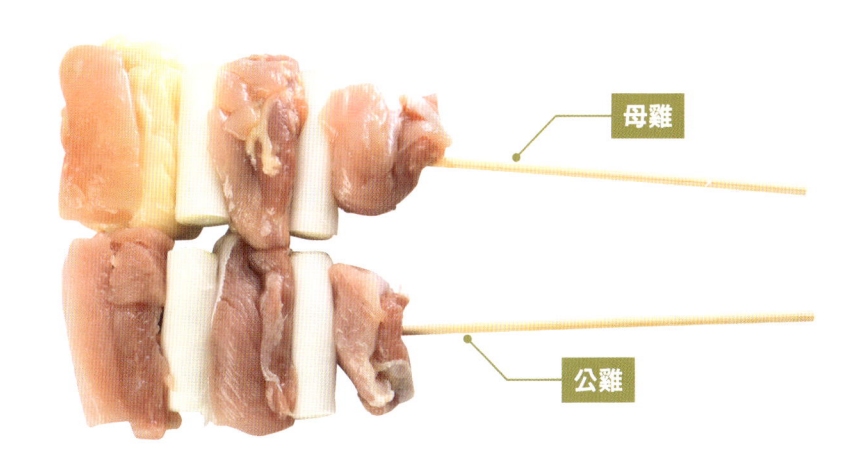

111

左邊是母雞，右邊是公雞的雞腿肉（平均飼養120天的「淡海地雞」）。公雞比較大，母雞則是皮肉之間含有滿滿脂肪。

母雞
雞大腿部分
公雞
雞小腿部分

雞蔥串 母雞

軟嫩且油香四溢的「母雞」
嚼勁十足且味道濃厚的「公雞」

雞蔥串 公雞

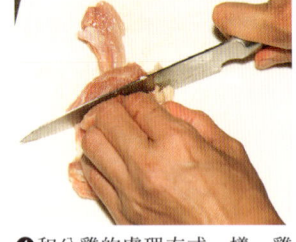

❹和公雞的處理方式一樣，雞大腿切成大塊，雞小腿切成小塊。

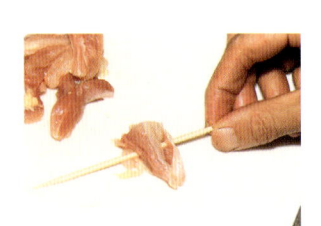

❺先串刺較小的雞小腿肉塊。

帶有皮下脂肪的肉插在最上面

❻和公雞一樣，依照長蔥、大腿肉、長蔥、大腿肉的順序串刺。最上方選擇脂肪豐富的肉塊，讓脂肪面位於內側。脂肪位在內側，就可以防止脂肪在燒烤時燃燒，同時，融解的油脂香氣也會轉移到青蔥上面，使青蔥更加美味。

❶除筋後，切開雞大腿和雞小腿。

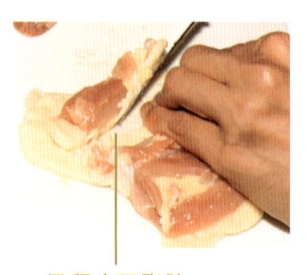

保留皮下脂肪

❷把雞大腿的皮剝掉。菜刀從雞皮和皮下脂肪之間切入，在脂肪殘留在肉上面的情況下，把雞皮從肉上面削下。

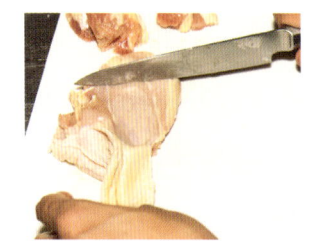

❸脂肪較少的雞小腿，直接把雞皮剝掉。

❺先串刺雞小腿的小塊肉，長蔥剝掉略厚的外側部分，串刺。

❻接著，依照大腿肉、長蔥、大腿肉的順序串刺。最前端選擇最大且較有嚼勁的肉塊。長蔥為了讓越靠前端的部分越粗，所以要調整剝掉的外側厚度。

❶把位於雞小腿的筋切除。

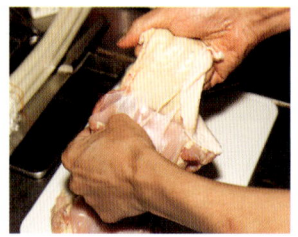

❷切開雞大腿和雞小腿，同時將雞皮剝除。

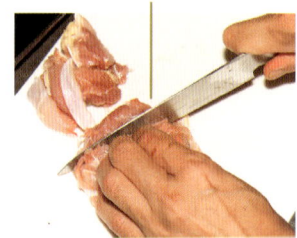

雞大腿切大塊，雞小腿切小塊

❸分別切成適度大小。軟嫩的雞大腿切成大塊，帶筋的雞小腿切成小塊。

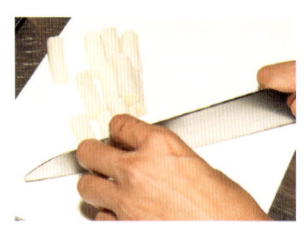

❹長蔥切成與大腿肉相同的寬度。

112

鹽、炭、烤法

考量鹽巴與木炭的微妙變化。
以經常性的最佳燒烤為目標

燒烤方式依部位而有不同，基本作法是，一邊維持竹炭的高溫，一邊以短時間完成燒烤，特色就是鎖住肉汁，同時烤出酥脆表面。為了維持木炭的火勢，放在烤台上的雞肉串燒數量也要稍加控制，選擇在高溫位置燒烤。另外，就算是相同的部位，大小和脂肪含量也會因個體而有不同，因此，仍要視情況調整火侯和燒烤方式，以確保每一串都能烤得完美。調味方面，除了一部分內臟之外，基本上都是採用鹽燒。撒鹽二次，一次是燒烤前，另一次是完成燒烤時。第一次撒鹽就像是預先調味的意思，第二次則是關鍵調味。

從冷藏恢復至常溫

在燒烤之前，先放在鋁製的專用平台上面，讓雞肉串燒從冷藏溫度恢復至常溫（雞腎、胃袋等內臟類除外）。這樣一個小動作，就能讓雞肉串燒更容易受熱，烤出表面酥脆、內部多汁的口感。

使用2種粗度的木炭

木炭使用土佐的備長炭。搭配使用2種不同的粗度，緊密排列成兩層。製作一部分低溫的位置，用來慢火燒烤雞小翅等雞肉串燒。

移動至高溫場所

基本作法是，不要經常翻轉，而是兩面各仔細燒烤一次，直到表面呈現酥脆。選擇烤台裡面的高溫位置，當木炭減少之後，就變更位置，持續燒烤。

第二次撒鹽　　第一次撒鹽

第一次撒鹽（照片右上）使用炒過的天草海鹽，顆粒較細。第二次撒鹽（照片左上）使用片狀的紐西蘭海鹽，依照部位或當天的鹽巴狀態，用指尖搓揉甩撒。鹽巴的狀態會因溼度等外在因素而改變，所以每天營業之前會先確認雞肉串燒的味道，再調整當天的鹽巴撒法。

雞皮 公（左）、母（右）

385日圓 / 385日圓

雞皮同樣也依照「公雞」和「母雞」個別準備。帶有皮下脂肪的母雞皮，帶有厚度與嚼勁，充滿多汁油香。公雞的雞皮則可以享受酥脆口感。兩種雞皮都以一串4塊為標準，因為脂肪含量不同，所以「公雞」約35g，「母雞」約45～50g。

照片左邊是母雞，右邊是公雞的脖子皮。母雞帶有皮下脂肪，所以顏色略帶黃色。

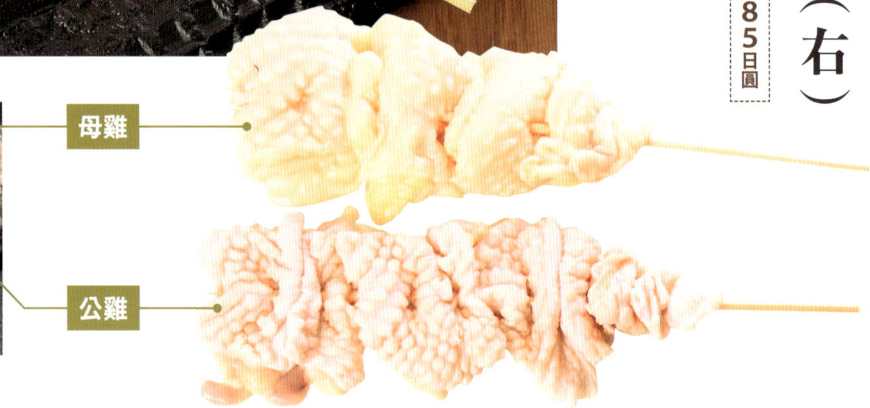

『評比』脂肪含量不同的雌雄雞皮

◉ 雞皮 公雞

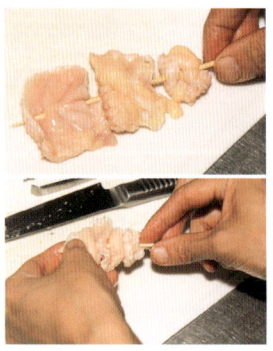

❷從小尺寸開始，依序以串縫方式串刺。盡可能讓雞皮全面接觸炭火，烤出酥脆感，串刺的時候，不刻意把雞皮推擠在一起。

❶如果還有毛殘留，就用拔毛器清除，然後切成適當大小。

◉ 雞皮 母雞

讓皮下脂肪包覆在內側

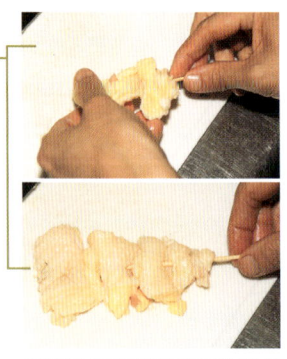

❶切法和串刺方法和公雞相同。讓附著在雞皮上的皮下脂肪包覆在內側，以串縫的方式串刺。讓皮下脂肪包覆在內側，藉此預防脂肪燃燒。

因為帶有脂肪，所以燒烤時必須注意避免燃燒。脂肪較多的母雞多撒點鹽巴，同時以高溫燒烤雞皮。公雞雞皮均勻燒烤兩面，母雞雞皮則是以雞皮面8，脂肪面2的比例進行燒烤。邊緣焦黑的部分要用剪刀剪掉。

114

雞小翅 公（左）、母（右）

385日圓 / **352日圓**

雞小翅不用串籤，也不切刀痕，直接整支燒烤，鎖住肉汁，將雞皮烤至酥脆，強調肉質的多汁口感。包上鋁箔，讓顧客抓著吃。

包上鋁箔，豪邁享用帶骨肉的美味

母雞 / **公雞**

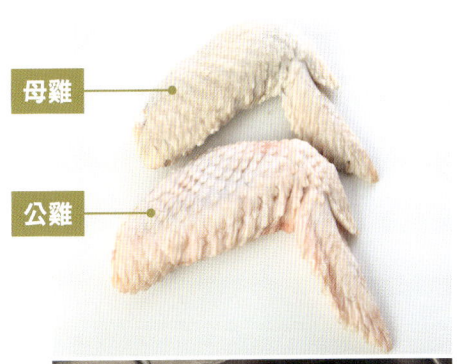

母雞、公雞的雞小翅除了有大小差異之外，肉質也有不同。母雞帶有脂肪，含有豐富的膠質。公雞則能夠充分享受鮮美的肉質。

用低溫慢火燒烤

用低溫從雞皮面開始燒烤。雞皮烤至香酥後，翻面，均勻燒烤兩面。產生細小氣泡時，就是燒烤完成的標準。

鶏一途

雞胸肉（雞肩胸肉）

385日圓

僅使用母雞的雞胸肉當中，被稱為『雞肩胸肉』，帶有適量脂肪的部分。以用雞皮包覆的方式燒烤，為清淡風味的肉質加上Q彈的雞皮和油脂香氣。享受酥脆的雞皮和充滿彈性的肉質，賦予雞胸肉全新的印象。

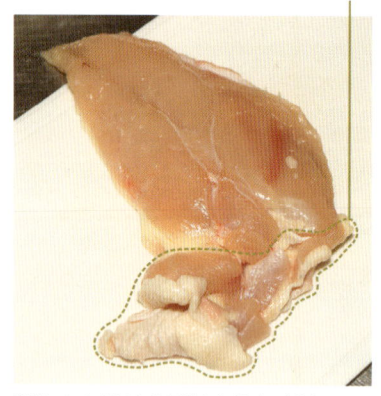

僅使用這個部分

雞胸肉也是以公母限定的方式採購。雞肉串燒僅使用雞胸肉當中，接近雞翅腿，被稱為『雞肩胸肉』的部分，一串約40g。雞胸肉的其他部分則用來製作單品料理。

對齊雞皮，從雞皮面開始烤

可以同時享受到彈性肉質和鮮嫩雞皮的『雞肩胸肉』

雞皮和脂肪都要保留

❶從雞胸肉上面切下『雞肩胸肉』的部分。雞皮和脂肪直接保留使用。

❷在帶皮狀態下，切成適當大小。

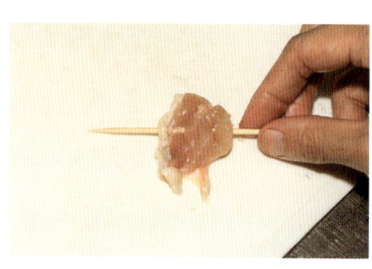

❸對齊雞皮，從小塊肉開始依序串刺。燒烤時，為了讓雞皮呈現緊繃，要從雞皮插入，穿過雞肉後，另一端的雞皮也要串刺。

❹用高溫從雞皮面開始燒烤。雞皮呈現酥脆後，翻轉，以雞皮8，雞肉2的比例加熱。

雞食道

385日圓

「食道」有著Q彈的口感，越嚼越香。因為味道清淡，所以採用醬燒方式，最後再撒上黑胡椒，增加亮點。

用醬汁＆黑胡椒製作越嚼越香的『食道』

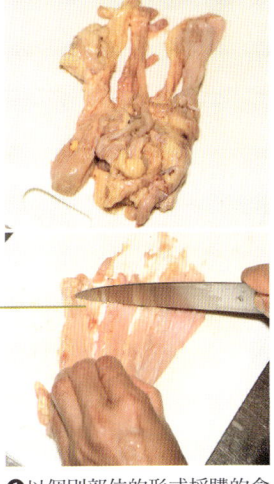

❶ 以個別部位的形式採購的食道（上方照片）。用菜刀把殘留在食道內的飼料等雜質刮掉。

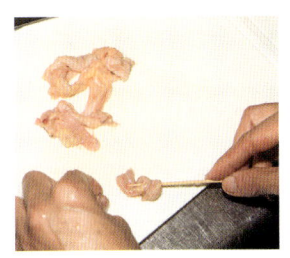

確實刮乾淨

❷ 寬度切成7～8cm，以纏繞的方式串刺。一串約30g。

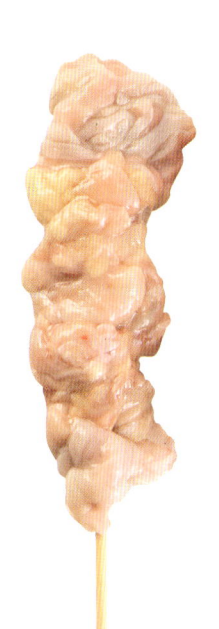

❸ 高溫燒烤。在快烤好的時候，沾上醬汁，再次稍微燒烤。

❹ 最後撒上黑胡椒。

胃袋

352日圓

以「胃袋」這個名稱商品化的是，被稱為『腺胃』的消化器官。以脂肪包覆，直接保留脂肪燒烤，讓融解的油脂纏繞整體，增添濃郁。固定的菜單上沒有列出，而是依採購情況，以主廚套餐的形式提供。

直接保留『腺胃』周邊的脂肪，增添濃郁

❶ 覆蓋在腺胃上面的脂肪也要使用。用菜刀切開後，會發現裡面還有飼料殘留。

有飼料殘留

❷ 仔細用水清洗，把裡面的飼料沖洗乾淨。

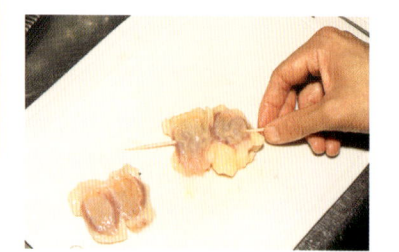

確實清洗乾淨

❸ 對齊帶有脂肪的那一面，以串縫的方式串刺。一串使用3個。

❹ 用低溫，從剖開的內側開始燒烤。烤至8分熟之後，翻轉，燒烤脂肪面。注意避免雞肉串燒因為脂肪而燃燒。

松葉（2個）

直接燒烤雞的鎖骨部分「松葉」，啃咬附著在鎖骨上的肉，享受骨肉芳香。烤法要依照大小與肉的附著方式調整。撒上鹽巴、黑胡椒燒烤。

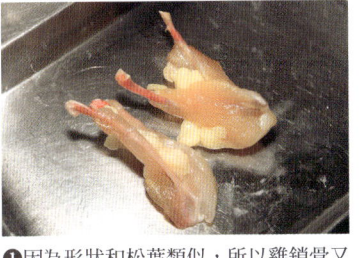

❶因為形狀和松葉類似，所以雞鎖骨又稱為『松葉』。肉質清淡，但仍帶有脂肪。

❷撒上鹽巴、黑胡椒，用低溫慢火燒烤附著在鎖骨上的肉。最後再次撒上鹽巴。

帶有適量脂肪的鎖骨部分。
同時享受肉和油脂

雞腎

軟嫩口感、濃醇滋味便是雞腎的醍醐味。用附著在雞腎上面的脂肪包覆，頻繁地翻轉，烤出豐潤口感。搭配味道較濃的醬汁。

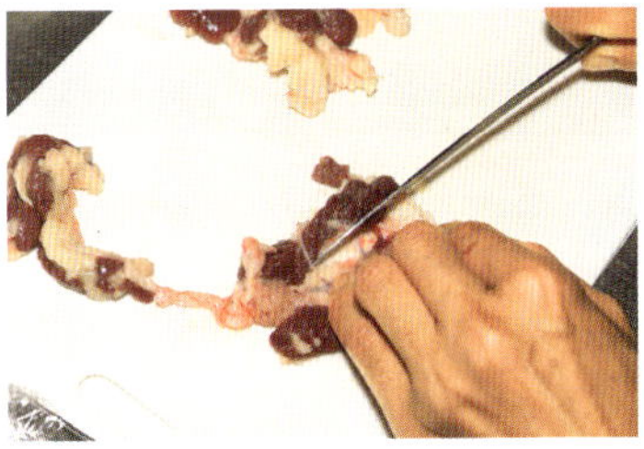

❶保留附著在雞腎上面的白色脂肪，一邊將位於正中央的筋切除。

讓脂肪位於內側

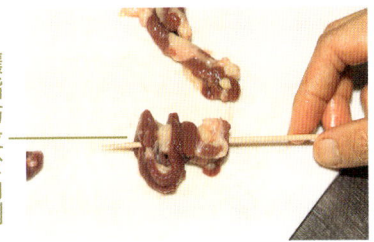

❷讓帶有脂肪的部分包覆在內側，以折疊的形式彎折串刺。從小塊尺寸開始依序串刺。

❸為了烤出豐潤口感，要勤勞地翻轉燒烤。快烤好之前，沾上醬汁，再次稍微燒烤。

利用雞腎的脂肪和烤法，製作出豐潤口感

店長
中川譽雄

菜單的第一頁寫著該店的堅持（右）。酒也是嚴選自己認為美味的種類。紅酒種類也相當豐富。

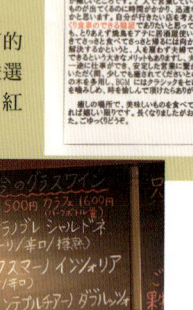

發揮令他著迷的雞肉特性
致力追求食材和燒烤方法

店長中川譽雄在雞肉串燒店歷經9年的修業後，自立門戶。在他修業的雞肉串燒店裡面有許多手冊化的雞肉串燒技術，而現在他所採用的串刺法、鹽燒和醬燒等，大多是他自己反覆試驗後所開發出來的。

決定獨立開業的時候，他走訪了各種不同的餐廳，努力把心目中理想的雞肉串燒店化為現實，而其中影響他最大的是，現在採購雞隻的養雞場「かしわの川中」。因為愛上直營雞料理店的雞肉美味和老闆的理念，因而促成了彼此的合作。在該雞料理店品嚐店家當場分解的雞肉時，因為深受感動，而構思出讓顧客比較公雞和母雞的不同味道的獨特供餐方式。雖說年輕雞隻的公母味道差異比較少，不過，以特殊飼養法飼養120天的「淡海地雞」，卻有著『公雞就是公雞，母雞就是母雞』的明顯差異。該怎麼讓我們認為真正好吃的雞變得更加美味？即便是已經成為榮獲米其林星級的餐廳，店長現在仍然持續追求著更棒的鹽巴、更好的木炭、更棒的燒烤方法、更完美的雞肉串燒！

濃醇醬汁與
纖細鹽巴的協調

醬汁

雞肉串燒大多都是建議使用鹽燒，不過，濃醇的「雞腎」和口感濃郁的「食道」等內臟類商品則是採用醬燒。醬燒採用較濃醇的調味，和鹽燒的雞肉串燒形成對比。燒烤完成之前，沾上醬汁，再次稍微燒烤後，上桌。

桌上調味料

桌上備有蓋朗德海鹽、山椒粉、一味唐辛子。顧客可依照個人喜好，應用於雞肉串燒或料理。雖然希望顧客能夠直接品嚐原味，不過，畢竟每個人對鹹度的喜好仍有不同，所以還是有另外準備。

人形町 鳥波多゛

用雞腿開發4種雞肉串燒。
也將稀少的內臟肉商品化

2011年2月開幕的知名雞肉串燒店。由雞腿製成的4種雞肉串燒，「提燈」和「雞食道」等內臟肉的稀少部分也相當豐富，光是雞肉串燒就多達23～24種。因為價格低廉，所以比起品牌，雞肉選擇重視新鮮度的日本國產肉雞。雞腿串一串40～70g，份量十足。包含稀少部位在內，一串以130～200日圓的實惠價格提供。價格親民，有8～9成都是常客，非常受歡迎。

雞肉當天早上宰殺，再以各部位分裝的狀態，於每天上午10點左右送達。由4名工作人員一起進行備料，於每天營業時提供。也會委託業者幫忙確保稀少部位的配送量。烤台採用電氣式。可以更細微且快速地調整溫度，就能提供食材本身的風味。配合顧客的速度，以一次一串的時機上桌供餐。

ShopData

地　　址	東京都中央区日本橋人形町2-10-7
負責人	（株）スプラウトインベストメント
規　　模	15坪・40席
公休日	無休
營業時間	星期一～六　17時～23時、 星期日、假日　16時～22時
客單價	4000日圓左右

一　串	180～280日圓
雞　肉	日本國產肉雞

（由上至下）
雞腿肉　180日圓
腿內肉　180日圓
阿基里斯腱　250日圓
雞蠔肉　250日圓

通常都是以單一商品形式提供的雞腿肉，依照肉質差異分成4個部位，然後各自商品化。享受各種不同的口感。使用大腿部分的「雞腿肉」，軟硬適中且多汁，一串40g。雞小腿部分的「阿基里斯腱」，嚼勁口感充滿魅力70g。雞腿肉中，沒有筋，口感鬆軟的「腿內肉」45g。鎖住肉汁，最多汁且鮮味強烈的「牡蠣肉」40g。

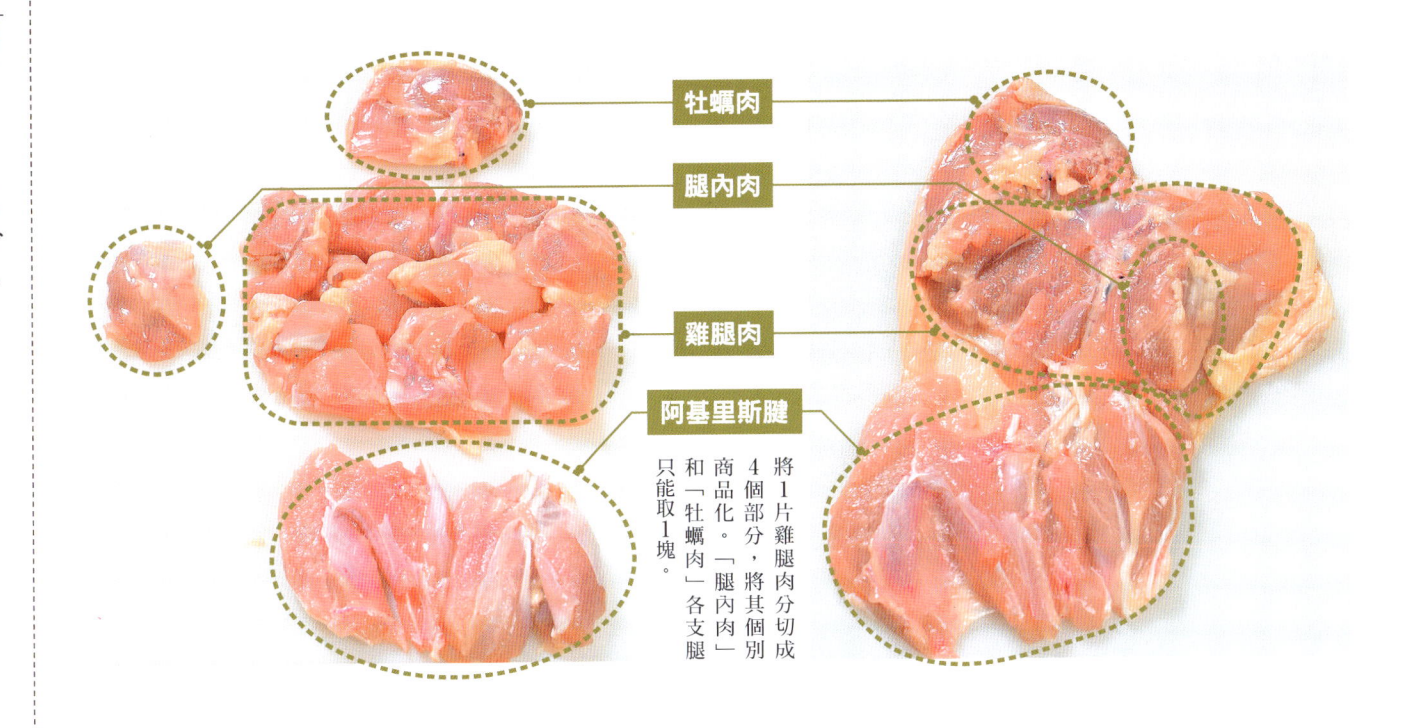

人形町 鳥波多一

牡蠣肉
腿內肉
雞腿肉
阿基里斯腱

將1片雞腿肉分切成4個部分，將其個別商品化。「腿內肉」和「牡蠣肉」各支腿只能取1塊。

○ 腿內肉

少筋、
軟嫩且鬆軟的
口感充滿魅力

❶把位於雞腿肉中央，肉厚隆起的部位削下來。

固定小塊的邊緣肉

❷第1個選擇較小塊的肉，沿著纖維串刺，第2、3個與纖維呈垂直串刺。這裡要注意使整體呈現扇形。散落的邊緣部分等，要像照片那樣，先用串籤插入固定。

○ 牡蠣肉

一口咬下，
就會有肉汁
滲出的多汁部位

❶把連接在身體端，位於雞腿根部的肉塊切下來。去除多餘的脂肪。

串刺兩側的雞皮

❷為了燒烤時，雞皮能夠呈現緊繃，要從雞皮上面串刺，做出雞皮包肉的狀態。另一端也同樣要從雞皮串刺。從小塊肉的部分先串。

○ 雞腿肉

❶ 使用切掉牡蠣肉、腿肉肉、阿基里斯腱之後的雞腿肉。連皮一起切成一口大小。把超出肉外面的雞皮切掉。

串刺固定雞皮

❷ 從雞皮開始串刺，穿過肉，再從另一側的雞皮刺出。把兩側的雞皮固定起來，燒烤的時候，雞皮就會緊繃，肉也會顯得豐潤。雞皮較小塊時，至少也要固定單邊。

用雞皮包覆雞肉，烤出豐潤口感

○ 阿基里斯腱

從皮上面切下「阿基里斯腱」

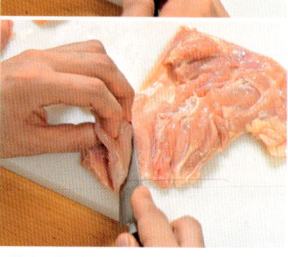

❶ 把雞小腿的肉切削成一口大小。菜刀從筋之間變薄的部位切入，雞皮直接保留，切下肉塊。剩下的雞皮用來製作「燉煮」等料理。

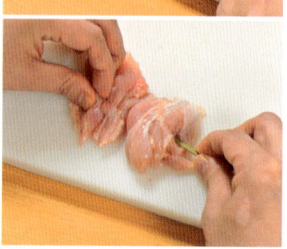

❷ 對著肉的纖維，垂直串刺。使用2塊肉，從小塊的肉開始串刺。

把多筋的雞小腿製成嚼勁十足的雞肉串燒

124

燒烤方法

濃醇醬汁與纖細鹽巴的協調

「牡蠣肉」採用Middle（中溫），從雞皮面開始燒烤。為了烤出漂亮的烤色，在雞皮呈現酥脆之前，都先暫時不要翻面。

電子式的烤爐燒烤。照片是由雞腿肉製成的4種雞肉串燒。鹽巴在上烤網前或上烤網後撒上。為了更適合搭配酒品，鹽巴採用較少用量。

「腿內肉」是鬆軟、柔嫩，容易變得乾柴的部位。從頭到尾都用Low（低溫）慢火燒烤。

大部分的雞肉串燒都是放在電子式烤台的烤網上燒烤。

最後擠上檸檬汁

內臟類以外的雞肉串燒會在快烤好之前擠上檸檬汁。增添隱約的清爽風味。

掌握豐富部位的不同特徵，仔細烤出最佳狀態。由於烤台採用電子式，所以高溫至低溫都可以瞬間變更。因此，要一邊觀察雞肉串燒的狀態，一邊根據部位仔細調整溫度。例如，帶皮的「牡蠣肉」或「雞腿肉」，注重雞皮的完美酥脆。用Middle（中溫）從雞皮面開始烤，直到雞皮呈現酥脆再翻面，以雞皮面6、雞肉面4的比例燒烤。烤太久會變得乾柴的部位，以Middle的火侯短時間燒烤，讓內部呈現半熟狀態。另一方面，需要花較多時間燒烤的「膝軟骨」等部位，剛開始先用Middle把表面烤硬，之後再調降至Low（低溫），慢火燒烤。

另外，在快烤好之前擠上檸檬汁的部分，可說是該店的特色。這是為了做出與其他店的差異性所開發的手法，只有內臟類以外的雞肉串燒會採用這種手法。因為在淋上檸檬汁之後，快速燒烤，所以檸檬的酸味不會太明顯，僅止於隱約透漏出清爽風味的程度。吃的時候幾乎不會有所察覺，餘韻清爽，讓人怎麼吃都不會膩，一口接著一口。

人形町 鳥波多

提燈

250日圓

把母雞的未成熟卵『金柑』和輸卵管製作成1串。需要運用技巧把輸卵管確實烤熟，同時又讓半熟卵呈現半熟狀態。必須一邊注意，不要讓未成熟卵破裂，同時又能加熱至內部。以醬燒方式品嚐。一串37～38g。

雞食道（左） **200日圓**
紅豆（右） **200日圓**

「雞食道」是管狀的氣管部分。口感香脆，充滿齒頰留香的魅力，特別推薦給喜歡雞胗等口感的人。一串使用3～5條。「紅豆」是雞脾臟，因為外觀和紅豆類似，而有了這樣的命名。味道和雞肝類似，不過，外側包著薄皮。燒烤時要避免弄破薄皮，讓顧客享受薄皮在嘴裡爆開的刺激口感。

人形町 鳥波多"

提燈

金柑加溫至綿滑，
輸卵管確實烤熟

未成熟卵

輸卵管

被稱為金柑，母雞的未成熟卵和輸卵管，以各部位分裝的方式採購。

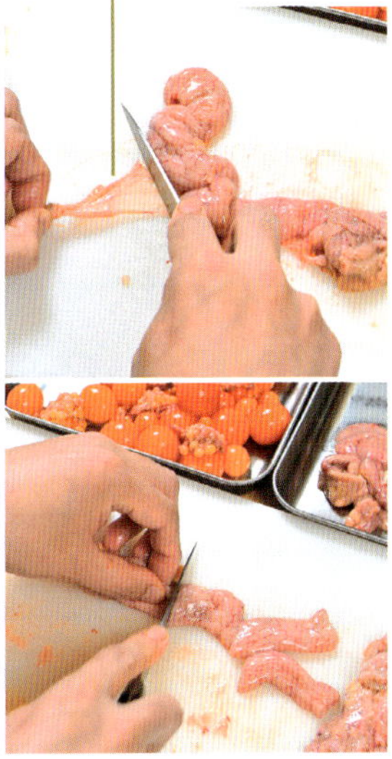

利用鋁箔片調整溫度

去掉薄膜

❻把溫度調整成Middle（中）。為避免未成熟卵直接受熱，要把鋁箔片放在未成熟卵的下方。

❹先從輸卵管開始串刺。從細的輸卵管開始，以串縫方式串刺成蛇腹狀。

❶把附著在輸卵管上面的薄膜撕掉。之後，切成寬度10cm。

❼烤輸卵管的部分，等未成熟卵幾乎溫熱後，沾上醬汁，再次稍微燒烤。

❺金柑進行分切，一串使用2顆。串籤要插進連接的管子部分，所以為避免未成熟卵散落，分切的時候要維持管子連接的狀態。把串籤從管子部分插入。

確實去除黏液

❸倒進濾網，用流動的水沖洗。之後，換水清洗3～4次，確實去除黏液。最後倒進濾網，把水分瀝乾。

約80℃的熱水

❽最後，把溫度調至Low（弱），把串籤拿高，加熱至未成熟卵的內部。

❷為避免過熟，把輸卵管放進溫度80℃的熱水裡面，汆燙30秒左右。

雞食道

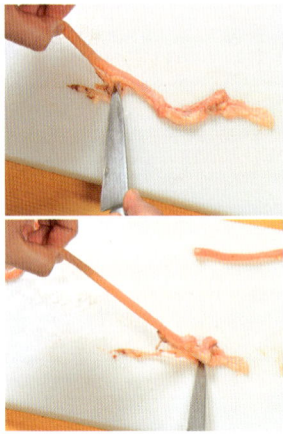

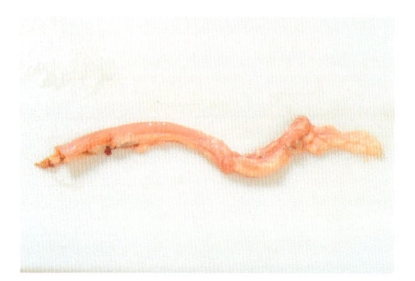

喉嚨的氣管部分。以外側帶有薄膜（淋巴腺）的狀態採購。

❶ 去除外側多餘的脂肪和薄膜。薄膜是淋巴腺，以「薄膜」的名稱進行販售。把根部的閥門等部位切掉。

一串使用3～5條

❷ 用菜刀刮削，把囤積在食道內的液體等雜質刮出。右邊的照片是，外側的薄膜已經撕掉，根部也已經切掉的狀態。裡面中空，呈現筒狀。

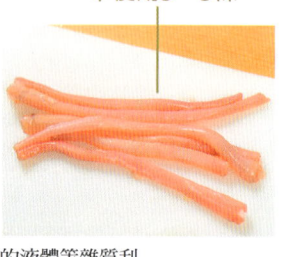

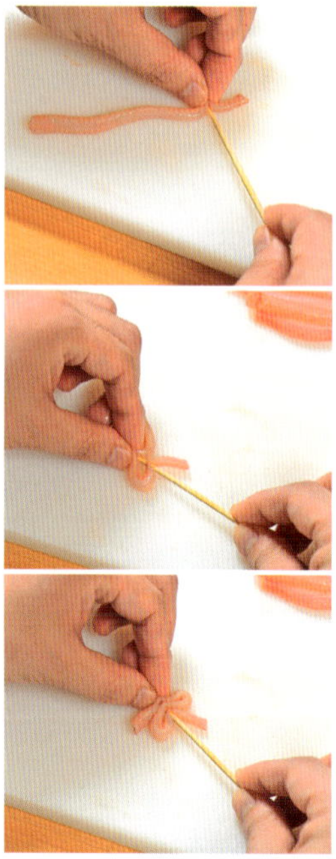

Q彈且帶有嚼勁的口感

❸ 從細小的尺寸開始串刺，從管子的中央插入。呈蛇腹狀彎折。一串使用3～5條，以相同寬度串刺。

❹ 在兩面撒上鹽巴、胡椒，用火侯Middle（中）進行燒烤。加熱後，食道會馬上變色、收縮。當管子的切口產生汁液或細小泡沫，就代表烤好了。

紅豆

巧妙的火侯，讓周圍的薄皮在嘴裡爆開

連接部分朝下

❶ 讓泛白的連接部分朝下，從中央部位插入。從小顆開始串刺，最上面往下數的第2顆採用最大尺寸，最上方則採用最小尺寸。

❷ 從不容易受熱的連接部分開始燒烤。火侯採用Middle（中溫）。放在鐵網上，撒上鹽巴、胡椒。

❸ 連接部分烤熟後，翻面，將火侯調降至Low（低溫），稍微燒烤。

人形町 鳥波多

○膝軟骨

雞膝軟骨（左） 180日圓
雞胸軟骨（右） 180日圓

❶把兩側散落的部分串縫固定，一邊貫穿中央的軟骨部分。一支使用5～6個。

串縫散落的部分

❷在兩面撒上鹽巴、胡椒，用Middle（中溫）燒烤。產生烤色後，調降至Low（低溫），慢火燒烤。

膝蓋部分的「膝軟骨」，硬脆的嚼勁極具魅力。附著在胸骨上的「胸軟骨」脆度比膝軟骨軟一些，比較偏向鬆脆口感。胸軟骨以略帶些許雞肉的狀態購入，也含有豐富油脂。兩種都先用中溫燒烤表面，然後再用低溫慢火燒烤。

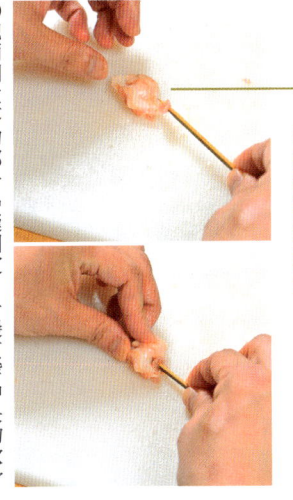

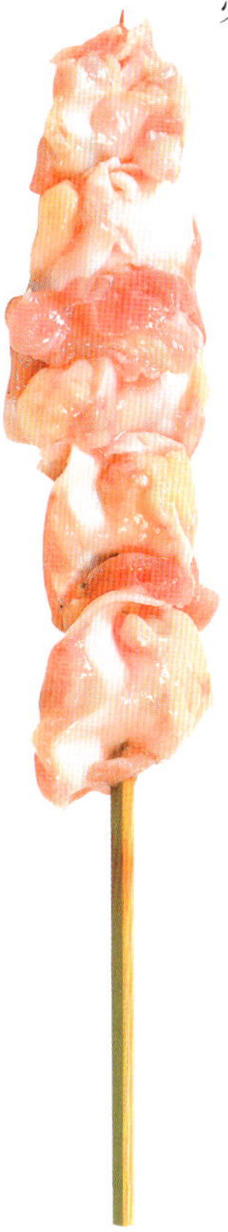

慢火燒烤，享受硬脆嚼勁

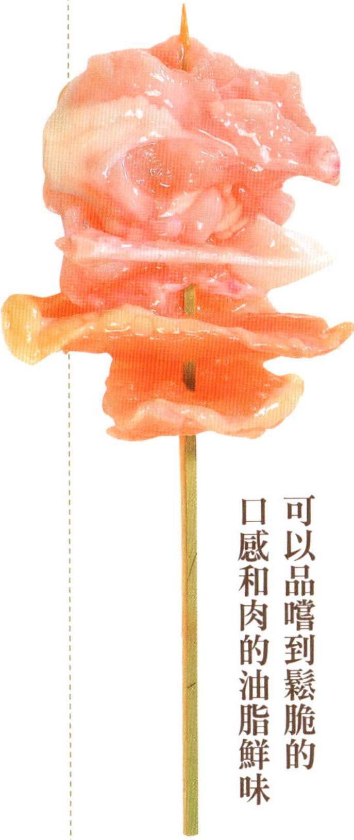

可以品嚐到鬆脆的口感和肉的油脂鮮味

○胸軟骨

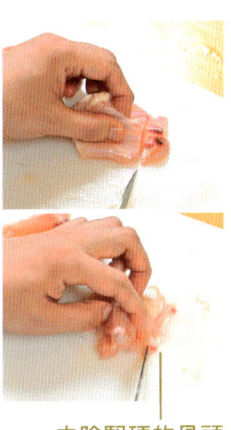

去除堅硬的骨頭

❶連接骨頭的部分帶有血塊，要加以切除。雞肉的部分有時也會暗藏較硬的骨頭，這個時候就要加以去除。

❷前端堅硬的部分以左右交錯的方式穿刺4～5個。帶有雞肉的部分就先用串籤固定雞肉部分再插入，然後再固定軟骨部分。

❸在兩面撒上鹽巴，只在單面撒上胡椒，用Middle（中溫）燒烤。正中央的透明部分呈現白色後，把溫度調降至Low（低溫），慢火燒烤。

129

以最佳狀態提供每一串。
「讓顧客輕鬆享受稀少部位」

(株)スプラウトインベストメント
『人形町　鳥波多゛』
店長 竹之內　紳孝

竹之內紳孝過去曾在日式、西式等各式餐飲店累積經驗，之後便全力投入雞肉串燒店，至今已累積20年以上的經驗。在經營多種業態的（株）スプラウトインベストメント所營運的雞肉串燒店，負責整家店的經營管理。過去曾經嘗試過不使用串籤，直接將各部位擺盤上桌等各式各樣的供餐方式，但在這家店則是回歸原本的形式，以經典的串燒型態進行供餐。不過，仍然會刻意安排一些與一般雞肉串燒店的『不同之處』，以稀少部位為重點，藉此做出差異化。為了證實「雞全身上下都能吃」的說法，親身試吃各式各樣的部位，將自己覺得美味的部位商品化。

在餐廳受訓期間，嘗試過炭火燒烤乃至電氣式燒烤等各種燒烤方式的竹之內表示，「雖然有人說炭火才是燒烤的趨勢，但我認為電氣式還是有電氣式的優點」。炭火燒烤能夠製造出炭香，但有時卻會妨礙到肉本身的香甜與滋味。電氣式沒有煙燻的問題，所以可以直接品嘗到食材本身的美味。另外，容易微調溫度也是一大優勢。

雞肉串燒建議搭配氣泡酒一起享用。瓶裝2500日圓起，大約有10種以上。

一眼就能看出剩餘支數的店內公告

主要提供稀少部位。數量較少的部位有數量限定，所以店內會用白板標示剩餘支數。

多撒點獨家混製的鹽巴，就更適合配酒

鹽巴

使用獨家混製的鹽巴。試吃各國的鹽巴，把認為好吃的鹽巴混合在一起。主要採用帶有甜味的瀨戶內海的鹽巴，再混入蒙古產的岩鹽等各種種類的鹽巴。預先拌炒，讓味道更爽口。為了享受各部位的不同美味，多數部位都是用鹽巴調味。因為酒客比較多，所以鹽巴的用量通常都會稍微多撒一點。

人形町 鳥波多゛

雞肉料理

適合各種酒類的雞肉料理一應俱全

雖然品項數量有限，不過，店內仍然備有長時間熬煮的「雞湯」220日圓、搭配雞湯品嚐的「鳥波多゛茶泡飯」500日圓等，雞肉串燒店特有的雞肉料理。西式的「雞肝肉醬」500日圓等，適合搭配紅酒的料理也十分受歡迎。這裡介紹的是，點餐率最高，使用雞內臟肉的「內臟煮」。

內臟煮

500日圓

雞內臟如果烹煮太久，肉質就會變得乾柴，所以內臟煮採用現點現做。以內臟為主，同時也會搭配雞皮和正肉，有效運用雞肉串燒備料時所剩餘的邊角料。調味的部分則是使用雞肉串燒用的醬汁和自製「雞湯」。

材料

雞的邊角料（混合使用當天備料後剩餘的部分、正肉和內臟肉）／雞肉串燒用的醬汁／雞湯／蒜頭／鷹爪椒／煎豆腐／長蔥

製作方法

現點現做。把雞肉串燒用的醬汁、雞湯、蒜頭、鷹爪椒混在一起加熱。加入雞的邊角料、煎豆腐，稍微翻炒，煮沸後，裝盤。撒上大量的長蔥蔥花。

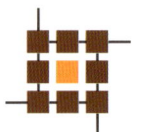

燒鳥 波田野 西永福 分店

備料盡可能不用菜刀。
用串刺追求美味

位於京王井の頭線西永福車站旁的雞肉串燒專賣店，於2009年8月開幕。西永福分店是，在澀谷的老字號雞肉串燒店『燒鳥　波田野』澀谷總店訓練多年的店長‧波田野宜廣所開設的店。距離從澀谷搭電車約10分鐘的車程，坐落於住宅區環繞的區域。雖然地利條件不太好，不過，由於過去當地並沒有正統的雞肉串燒店，所以一開店就廣受好評，擁有大批的忠實顧客。

店內主要使用德島的地雞「阿波尾雞」。因為每天使用新鮮雞肉，所以一旦食材用完，就會馬上結束營業，周末等時候，也曾經在晚上8～9點時提早打烊。冬季（11月15日～隔天2月15日左右）也會提供野鴨、小水鴨、麻雀、乳鴿等野鳥類的烤串，展現出唯有專賣店才有的魅力。

然後，為了追求食材的美味，更開發了在本書中介紹的，盡量減少使用刀具的備料與串刺法。藉此追求盡可能不讓雞肉美味流失的方法。

ShopData

地　址	東京都杉並区永福3-34-9
負責人	波田野浅吉
規　模	約10坪‧21席
公休日	星期二
營業時間	星期一、三～六　17時～22時30分、星期日、假日17時～22時
客單價	3000～5000日圓

一　串	280～880日圓（二串880日圓）
雞　肉	阿波尾雞等

燒鳥 波田野 西永福分店

大串雞腿肉（鹽燒）

880日圓

採用整塊雞腿肉直接串刺，烤至香酥程度的獨特手法。為了讓雞腿肉更加美味所構思出的獨特風格。串籤前端和尾端分別可以品嚐到不同肉質鮮美滋味和多汁感，也是其特色所在。調味除了照片中的鹽燒之外，另外準備了醬汁和辣味噌。因為以2支提供，所以有時也會以醬汁和辣味噌各半的方式提供。

鎖住雞肉鮮美滋味的『大串』風格大受好評

直接整塊串刺

❶在雞腿肉的左半部插上2支串籤。從雞皮串刺，以免雞皮掀開。

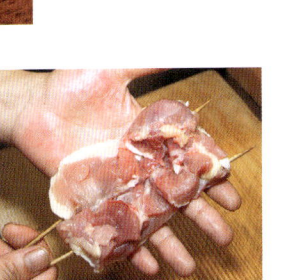

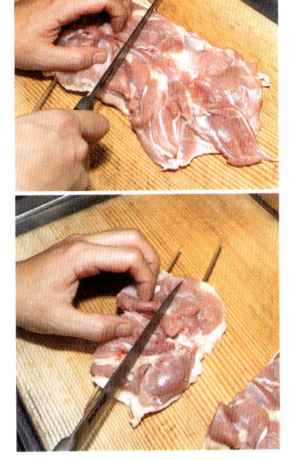

❷串刺後，把剩餘部分切掉，將方向反轉，在中央部分切出刀痕。

❸2支串籤1人份。1人份145～150g。

辣味噌

以紅味噌為基底，加上辣椒等配料，為避免烤焦，用小火熬煮。雞肉串燒烤好之後，塗抹於表面。

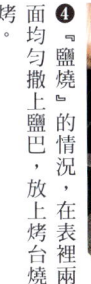

❹『鹽燒』的情況，在表裡兩面均勻撒上鹽巴，放上烤台燒烤。

用高溫從雞皮面開始烤

❺雞腿肉很難烤至中央熟透，因此，要先用高溫從雞皮面開始烤，最後再用低溫慢火燒烤。

133

雞肝（醬燒）

330日圓

以雞肝和雞心一起串刺的形式提供。燒烤時，為了讓肉穩定，使用2支串籤。一串56g。

雞肝也採用豪邁的大塊尺寸。用2支串籤燒烤

小肝葉不切，直接串刺

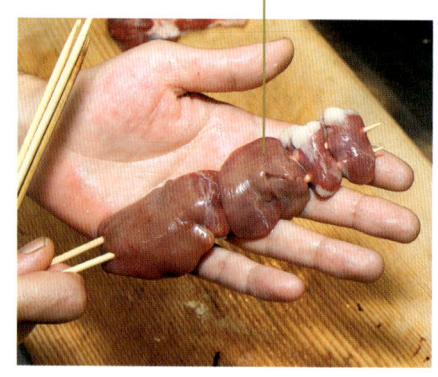

雞肝以連接著雞心的狀態購入。切開雞心和雞肝，雞肝的大肝葉縱切成對半，小肝葉直接使用大尺寸。雞心從中間切成對半，串刺在前端。

雞頸肉（鹽燒）

380日圓

同樣是盡可能避免用刀，直接串刺燒烤的商品之一。雞頸肉不切細，直接以細長狀態串刺，鎖住鮮味，變得更加多汁。

雞頸肉直接以長條狀態串刺，製作出更多汁的美味

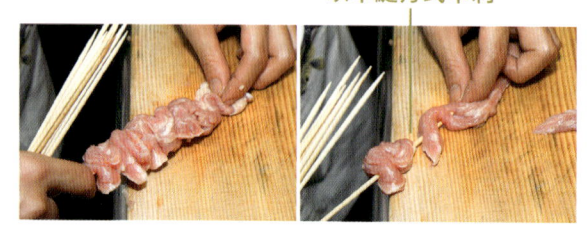

以串縫方式串刺

大約折疊4次，以串縫的方式串刺。根部要確實推擠靠攏，盡量避免產生縫隙。另一方面，為了在吃的時候，增加些許軟嫩口感，前端部分不推擠靠攏，稍微保留些許餘裕。一串74g。

134

燒鳥 波田野 西永福分店

雞胗鰭邊肉（鹽燒）

350～400日圓

僅使用雞胗的柔軟部位，名為「雞胗鰭邊肉」的雞肉串燒。味道是雞胗，但口感較軟嫩，同時帶有些許的油脂。不喜歡雞胗的人也可以推薦這個商品。

軟嫩且多汁，位於雞胗兩端的稀少部位

雞胗鰭邊肉

「雞胗鰭邊肉」是雞胗裡面比較柔軟的部位。大小會因雞隻而有不同，同時，夏季和冬季也有大小差異。照片是切完之後的雞胗和「雞胗鰭邊肉」。

把「雞胗鰭邊肉」從雞胗上面切下來，緊密串刺在15cm的串籤上面。把肉折疊起來，串刺固定在串籤的下方和上方。

依照季節改變混合的比例，均勻撒鹽也是門功夫

鹽

鹽巴混合使用蒙古的岩鹽和嚴選的海鹽。比例的話，夏季是以岩鹽居多，反之，冬天則是海鹽居多。因為流汗較多的夏天，身體會想要攝取較多的鹽分，所以要強調鹽味。鹽燒的時候就使用鹹味較強的岩鹽。另外，高舉雞肉串燒，直接從上方撒鹽的方法，有時也可能因為忙碌而出現灑鹽不均勻的情況。因此，店長的作法是把串好的雞肉排放在調理盤，然後再從高度25cm的位置均勻撒上鹽巴。

雞柳蘘荷（鹽燒）

330日圓

和雞柳相當對味的蘘荷串成一串，相當獨特的單品。烤好之後，抹上山葵，讓雞柳的高雅美味變得更鮮明。

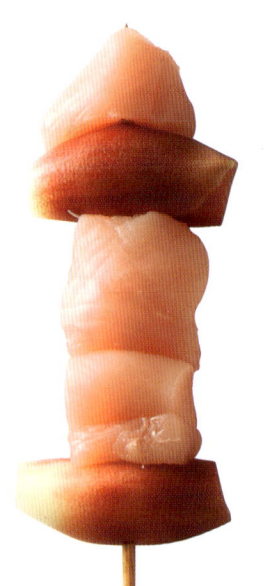

讓雞柳的高雅美味更加鮮明的蘘荷和山葵

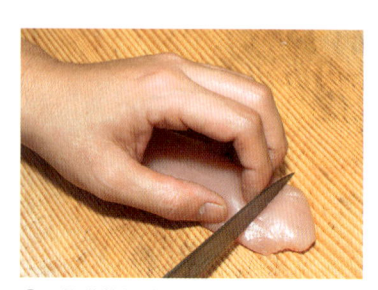

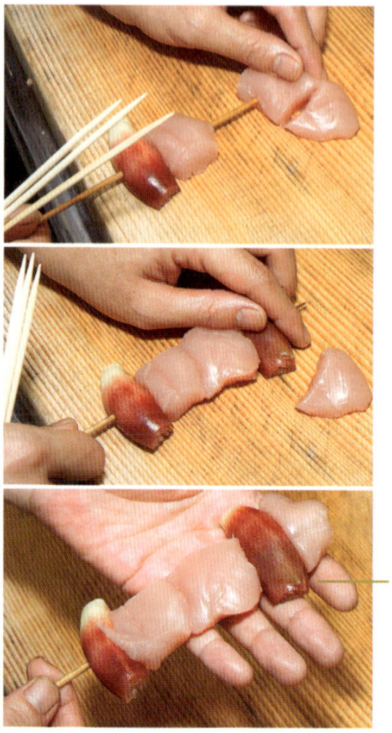

❸燒烤之前是一串57ｇ。撒上鹽巴後，用烤台燒烤雞柳和蘘荷兩面。燒烤期間持續翻轉多次是該店的特色。

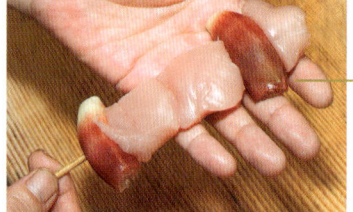

❹烤出香氣後，塗抹上研磨的山葵泥，上桌。

❶一片雞柳切成3塊使用。除筋後的雞柳，從邊緣開始分切成一口大小。

蘘荷配置在第2個和最後一個

❷蘘荷切掉根部，縱切成對半。串刺的時候，蘘荷串刺在由上往下算第2個和最後1個。如此就能從第一口吃到雞柳和蘘荷十分契合的美味，最後的1個蘘荷，在嘴裡留下鮮美餘韻。

燒鳥 波田野 西永福分店

蔬菜合鴨（醬燒）

350日圓

合鴨、蔬菜合併成串的商品。建議採用鹽燒，不過，添加了蔬菜的烤串也很適合製成醬燒。合鴨的獨特鮮味，讓長蔥和香菇變得更加美味，利用青椒增添鮮豔色彩。

合鴨和蔬菜的契合度，讓彼此的原始滋味更鮮美

❸為了吃得更爽口，最下方的青蔥避免和鴨肉重疊。上面的肉和蔬菜則是採用交錯串刺，為的是讓蔬菜可以沾染到肉的油脂香氣。合鴨脂肪較多的部分串刺在最上方。

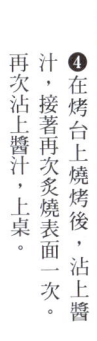

❹在烤台上燒烤後，沾上醬汁，接著再次炙燒表面一次，再次沾上醬汁，上桌。

❷把縱切的合鴨腿轉成橫向，切成一口大小，長蔥、青椒、香菇也切成烤串用的大小。以烤串燒烤的時候，各個食材都要切成適合燒烤的大小。

❶使用合鴨的腿肉。照片上面是切成對半的鴨腿肉。把脂肪較多的部位切掉，從邊緣開始依序縱切。

雞肉的挑選、獨特的供餐方式
全都是根據現代人的喜好

從食材到串刺、燒烤方法，秉持著各種堅持，在住宅區內提供最正統的雞肉串燒。店長・波田野宣廣的堅持來自，他過去在澀谷餐廳所接受的訓練與教導，還有他自己在培訓過程中所培養起來的，身為『專賣店』的自豪感。

使用的德島阿波尾雞是由鬥雞改良而成的地雞，不過，肉質不會太硬，嚼勁恰到好處，柔軟度和油脂量也都非常符合現代人的喜好，是非常適合用來製作雞肉串燒的雞肉。其中尤其推薦雞腿肉、雞頸肉，為了讓顧客吃到更美味的雞腿肉，而開發出名為「大串雞腿肉」的獨特方式。此外，還有提供「雞胗鰭邊肉」、「皮肝」、「雞心根」等限量販售的稀少部位，冬季更有野鳥烤串，讓人能夠盡情享受專賣店才有的豐富美味。燒烤時總是以『心臟的速度』不斷揮動團扇，一邊頻繁地翻轉串籤，用高溫燒烤至核心。

店長
波田野宣廣

座位採L字形的吧檯座，以掘式高座的形式構成。家庭客群也能夠輕鬆內用的店家。

木炭
使用2種備長炭，調整出最佳木炭溫度

木炭合併使用寬度3.5cm左右的烏岡櫟備長炭和寬度7cm左右的青剛櫟備長炭。前者容易點燃，溫度也很快就能攀升，另一方面，後者則是選擇持續性較佳的類型。點燃之後，把青剛櫟備長炭放在烏岡櫟備長炭上面，藉此維持最佳的木炭溫度。

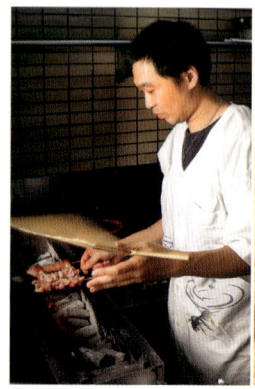

醬汁
以『2次沾醬』為基礎，不會太甜的成人滋味！

醬汁是不會太甜的成人滋味。燒烤時，在雞肉串燒完全烤熟後，再沾上醬汁，接著再次放回烤台上炙燒。這種程序重複2次的『2次沾醬』是基本的做法。如果是小孩或偏好重口味的年長者，有時也會採用『3次沾醬』。

部位別（商品別）的目錄

焼鳥 波田野 西永福 分店
135　雞胗鰭邊肉（鹽燒）

雞肉丸

南青山 七鳥目
31　雞肉丸

焼鳥うの
54　雞肉丸

鳥佳
67　雞肉丸

中華創作 焼鳥 鈴音
90　雞肉丸

YAKITORI & Wine Shinori
106　雞肉丸

特殊部位

南青山 七鳥目
23　橫膈膜肉
29　雞食道

焼鳥うの
49　雞股肉

鳥佳
68　提燈

中華創作 焼鳥 鈴音
91　鵪鶉皮蛋

鶏一途
117　雞食道
118　胃袋
119　雞腎
119　松葉

人形町　鳥波多゛
126　提燈
126　雞食道
126　紅豆

鴨肉、鴿肉

YAKITORI & Wine Shinori
107　乳鴿

焼鳥 波田野 西永福 分店
137　蔬菜合鴨（醬燒）

人形町　鳥波多゛
129　雞膝軟骨
129　雞胸軟骨

雞肝

南青山 七鳥目
24　雞肝

焼鳥うの
50　雞肝

鳥佳
64　雞肝

中華創作 焼鳥 鈴音
83　雞肝

YAKITORI & Wine Shinori
102　雞肝

焼鳥 波田野 西永福 分店
134　雞肝（醬燒）

雞心

南青山 七鳥目
25　雞心
26　雞心根

焼鳥うの
51　雞心

鳥佳
65　雞心

中華創作 焼鳥 鈴音
84　雞心
85　雞心根

YAKITORI & Wine Shinori
103　雞心

雞胗

南青山 七鳥目
27　雞胗

焼鳥うの
52　雞胗

鳥佳
66　砂肝

中華創作 焼鳥 鈴音
86　雞胗
87　胃壁

YAKITORI & Wine Shinori
104　雞胗

鶏一途
115　雞小翅（公）
115　雞小翅（母）

雞頸肉

南青山 七鳥目
21　雞頸肉

鳥佳
60　雞頸肉

中華創作 焼鳥 鈴音
82　雞頸肉

YAKITORI & Wine Shinori
99　雞頸肉

焼鳥 波田野 西永福 分店
134　雞頸肉（鹽燒）

雞屁股

南青山 七鳥目
30　雞屁股

鳥佳
63　雞屁股

中華創作 焼鳥 鈴音
88　雞屁股

雞皮

南青山 七鳥目
28　雞皮

焼鳥うの
44　雞翅皮

鳥佳
59　雞皮

鶏一途
114　雞皮（公）
114　雞皮（母）

軟骨

焼鳥うの
53　雞膝軟骨

鳥佳
62　雞胸軟骨

中華創作 焼鳥 鈴音
89　軟骨

YAKITORI & Wine Shinori
105　雞膝軟骨

雞腿、雞胸

南青山 七鳥目
13　雞腿皮
15　雞腿排
16　雞肩肉

焼鳥うの
42　皮包肉

鳥佳
57　雞腿肉

中華創作 焼鳥 鈴音
75　雞腿肉
77　皮包肉
79　振袖

YAKITORI & Wine Shinori
95　雞腿肉
97　雞肩胸肉

鶏一途
111　雞蔥串（公）
111　雞蔥串（母）
116　雞胸肉（雞肩胸肉）

人形町　鳥波多゛
122　雞腿肉
122　腿內肉
122　阿基里斯腱
122　雞蠔肉

焼鳥 波田野 西永福 分店
133　大串雞腿肉

雞柳

YAKITORI & Wine Shinori
98　雞柳酸豆橄欖

焼鳥 波田野 西永福 分店
136　雞柳蘘荷（鹽燒）

翅膀

南青山 七鳥目
17　雞翅
19　韭菜雞翅
20　雞翅腿

焼鳥うの
46　雞翅腿
48　雞小翅

中華創作 焼鳥 鈴音
80　雞翅

YAKITORI & Wine Shinori
100　雞翅

139

TITLE

究極　雞肉串燒技術

STAFF

出版	瑞昇文化事業股份有限公司
作者	旭屋出版編輯部
譯者	羅淑慧
創辦人/董事長	駱東墻
CEO / 行銷	陳冠偉
總編輯	郭湘齡
文字主編	張聿雯
美術主編	朱哲宏
校對編輯	于忠勤
國際版權	駱念德　張聿雯
排版	二次方數位設計　翁慧玲
製版	明宏彩色照相製版有限公司
印刷	龍岡數位文化股份有限公司
法律顧問	立勤國際法律事務所　黃沛聲律師
戶名	瑞昇文化事業股份有限公司
劃撥帳號	19598343
地址	新北市中和區景平路464巷2弄1-4號
電話	(02)2945-3191
傳真	(02)2945-3190
網址	www.rising-books.com.tw
Mail	deepblue@rising-books.com.tw
初版日期	2025年5月
定價	NT$450 / HK$141

ORIGINAL JAPANESE EDITION STAFF

撮影	後藤弘行　曽我浩一郎（旭屋出版）／ 佐々木雅久　川井裕一郎
デザイン	深谷英和（株式会社Be Happy）
編集・取材	北浦岳朗／大畑加代子
印刷・製本	株式会社シナノパブリッシングプレス

國家圖書館出版品預行編目資料

究極雞肉串燒技術 / 旭屋出版編輯部作 ; 羅淑慧譯.
-- 初版. -- 新北市 : 瑞昇文化事業股份有限公司,
2025.05
144面 ; 20.7X28公分
ISBN 978-986-401-820-8(平裝)

1.CST: 烹飪 2.CST: 肉類食物 3.CST: 肉類食譜

427.2   114003514

國內著作權保障，請勿翻印 / 如有破損或裝訂錯誤請寄回更換
Sinban Yakitori No Gizyutsu
© ASAHIYA SHUPPAN 2023
Originally published in Japan in 2023 by ASAHIYA SHUPPAN CO.,LTD..
Chinese translation rights arranged through DAIKOUSHA INC.,KAWAGOE.